# Spitzenleistung leicht gemacht

Unternehmer Medien

**Führung von Familienunternehmen**

**Band 3**

Herausgegeben von
Dr. Reinhard Nenzel

**Dr. Christoph Weiß**

# SPITZENLEISTUNG LEICHT GEMACHT

Das 10-P-Modell

Ein Arbeitsbuch für Unternehmer

**Unternehmer Medien**

**»Wir brauchen Unternehmer,**
**die Orangenbäume pflanzen,**
**und keine Manager,**
**die ihr Ziel darin sehen,**
**aus gepflückten Orangen**
**den letzten Saft zu pressen.«**

Dr. Christoph Weiß

Die Deutsche Bibliothek – CIP-Einheitsaufnahme

Dr. Christoph Weiß:
Spitzenleistung leicht gemacht, Das 10-P-Modell, Ein Arbeitsbuch für Unternehmer –
Bonn: Unternehmer Medien, 2013 [Erste Auflage]
(Führung von Familienunternehmen; Bd. 3)
ISBN 978-3-937960-16-6

Umschlaggestaltung und Satz: Heidrun Bahmann, Bonn
Druck und Bindung: Saarländische Druckerei & Verlag GmbH, Saarwellingen

Internet: www.unternehmer-medien.de

INHALTSVERZEICHNIS

## VORWORT

Als ich 2005 mein erstes Buch »Verdammt zur Spitzenleistung« schrieb, das nun bereits in die fünfte Auflage geht, rief das Buch eine anhaltende Resonanz bei Unternehmern hervor, die ich kaum für möglich gehalten hätte. Und das, obwohl (oder gerade weil) ich kaum eine Gelegenheit verstreichen ließ, gezielt zu provozieren.

Diese Wertschätzung meines Ansatzes freut mich ungemein, weil sie mir zeigt, dass es ganz gut um den Standort steht. Die deutschen Unternehmer sind viel aufgeschlossener für die Realitäten des Hyperwettbewerbs als ich es befürchtet habe. Die »Jammerzirkel« dieser Republik, die so gern die Schuld für Versagen bei Anderen suchen und finden, sind offenbar – Gott sei Dank – nicht repräsentativ! Das lässt hoffen.

Dafür sprechen auch die Jahre 2007 bis 2009, als es hieß: »Deutschland ist wieder Exportweltmeister«! Das wäre ganz undenkbar gewesen, wenn es nicht so viele Unternehmer bei uns gäbe, die ihren Kunden auf den Weltmärkten gut erklären können, warum sie gerade ihre deutschen Produkte und nicht die ihrer – viel billigeren – ausländischen Wettbewerber kaufen sollen. Diese Firmen haben ihre Hausaufgaben gemacht oder sind dabei, sie mit großem Elan zu tun.

Hierbei hilft sicher auch der gegenwärtige Generationswechsel. Die verdienten Nachkriegs-Pioniere geben die Ruder in die Hände junger Nachfolger, die schon Erfahrungen mit den Phänomenen des Verdrängungswettbewerbs gesammelt haben, und die verstehen, dass es längst nicht mehr nur die persönlichen Beziehungen sind, sondern die beweisbaren Leistungsvorteile, auf die es heute in den globalen Märkten ankommt.

Das große Interesse an dieser Materie hat mir eine Flut von Anfragen beschert, die mich nun veranlasst hat, dieses zweite Buch zu schreiben. Die Schlüsselfrage lautete sinngemäß: »Also gut, ich habe verstanden, was Sie sagen wollen. Ich sehe auch die Notwendigkeit, mein Unternehmen auf die Herausforderungen des Hyperwettbewerbs vorzubereiten. Und ich muss leider auch gestehen, dass ich die von ihnen gestellten vier Schlüsselfragen zu häufig mit »NEIN« beantworten musste! Aber, wie und wo packe ich denn nun ganz genau an? Ihr Buch hat mir zwar die Augen geöffnet, es ist mir aber noch nicht konkret genug, um mein Geschäft selbst auf den richtigen Pfad zur Spitzenleistung zu führen. Was muss ich denn tun? Wie sieht der Fahrplan aus? Wie schaffe ich den Einstieg in die Veränderung und wie vermeide ich teure Fehler?«

In diesem Sinne möchte ich nun all jenen helfen, die ihre Unternehmen zu wirklichen Spitzenleistungen befähigen wollen und die dafür genaue Handlungsanweisungen erwarten.

Wie schon bei »Verdammt zur Spitzenleistung« ist es aber auch jetzt nicht mein Ziel, eine neue Theorie oder eine Managementmode zu verbreiten. Es geht um ganz pragmatische Hilfen für Unternehmer, geprägt von der Erfahrung, dass schief geht, was schiefgehen kann.

Bitte sehen Sie es mir nach, wenn dabei gelegentlich auch nur gesunder Menschenverstand gepredigt wird. Viele gute Ansätze scheitern in der Umsetzung aus ganz banalem Grund, und zwar unabhängig davon, wie groß das Unternehmen ist und wie allwissend sich sein Vorstand geriert. Die spektakulären Beispiele kennen Sie aus der Presse. Daher heißt mein Motto unverändert: Hilfe zur Selbsthilfe! Viel Erfolg in Ihrem Unternehmen!

An dieser Stelle möchte ich allen Wegbegleitern auf das Herzlichste meine Referenz erweisen, die mir durch ihr Vertrauen die Möglichkeit einräumen – sei es in Workshops, in intensiven Gesprächen oder im Rahmen eines Mandats – die hier dargelegten Methoden und Vorgehensweisen ständig zu erproben und zu validieren. Sie geben mir die Chance, meine Überlegungen, meine Vorschläge und meine Empfehlungen täglich auf ihre Praxistauglichkeit zu prüfen. Dafür mein ganz persönlicher Dank!

Bad Boll, im Winter 2012 Dr. Christoph Weiß

## VERDAMMT ZUR SPITZENLEISTUNG – WARUM?

Ich frage Sie: Weshalb soll jemand Ihr Produkt oder Ihre Dienstleistung kaufen und nicht die Angebote Ihrer internationalen Wettbewerber? Können Sie mir das in einem Satz sagen? Wie bitte? Da müssen Sie erst nachdenken? Das wissen Sie auch nicht so genau? Aber hallo! Sie haben noch nicht richtig mit der Lektüre begonnen und stoßen schon auf ein Problem? Dann ist das jetzt die Gelegenheit, es mit Ihnen gemeinsam zu lösen – bevor es sich anderweitig löst.

Lieber Leser, lassen Sie mich die Kernbotschaft dieses Buchs an einem Beispiel zeigen: Gehen Sie doch einfach mal am Samstag »shoppen«! Lassen Sie sich Zeit, und schauen Sie sich die Reklamen, Dekorationen, Auslagen und Regale in Ruhe an. Lassen Sie die Eindrücke auf sich wirken und reflektieren Sie, was sie sehen: Na, was fällt Ihnen auf?

Zunächst doch sicher, dass Sie von einem überbordenden Warenangebot erschlagen werden! Sie waren ja wohl nicht gerade in Havanna oder in Pjöngjang unterwegs. Sie stellen fest, dass es bei uns nichts gibt, was es nicht gibt, und zwar egal, in welcher Stadt und in welcher Warenhausabteilung. Das ist der Hyperwettbewerb in Reinkultur. Es gibt alles und von allem eigentlich zu viel! In Anbetracht dessen sind die Händler aufs Äußerste gefordert, ihre Kunden aufmerksam zu machen! Plakate, Beleuchtung, Ladendesign, die Musik, der Marktschreier: Alles Maßnahmen, um Aufmerksamkeit zu erlangen! Und was sehen und hören Sie da?

Hier die Schnäppchen-Flugreise nach Gran Canaria, eine Woche für 199 Euro, da das Handy gratis mit »all time low flat rate«, da den verbilligten Sixpack, die Lederstiefeletten für 900 Euro und die wunderschöne Designer-Tasche einer begehrten Marke mit »Preis auf Anfrage« sowie das Parfüm für den Preis von drei Tagen Gran Canaria.

Daneben die Massenware – weder billig noch besonders adrett – an der Sie mehr oder weniger achtlos vorübergehen, vielleicht aber doch mal stehen bleiben und kaufen, weil Sie gerade ein Paar Socken oder einen besseren Kochtopf brauchen, wobei im Grunde genommen kaum jemand spezielle Ansprüche an solche Sachen hat. Der ambitionierte Hobbykoch würde natürlich die Hände über dem Kopf zusammenschlagen! Er würde auf Fabrikat X oder Y bestehen, weil nur in diesen ganz besonderen Kasserolen Doraden wirklich... ersparen wir uns das.

Was aber zeigt uns der Einkaufsbummel noch, außer dass der Hyperwettbewerb allgegenwärtig ist? Dass es im Wesentlichen zwei Formen gibt, um das Interesse des Verbrauchers auf ein Angebot zu lenken: entweder durch »absolut billig« oder durch »exklusiv und begehrenswert«. Dazwischen die graue Masse, die weder das eine noch das andere ist und die von beiden Seiten in die Mangel genommen wird: Durch die Spezialisten, die es geschickt verstehen, aus einem Allerweltsgut eine Art unverzichtbare Monstranz zu machen sowie durch die »Hard Discounter«, die Standardwaren in riesigen Stückzahlen aus Billigimporten zu Dauerniedrigpreisen verschleudern.

Konkret am Beispiel des Kochtopfs: Den Anbietern der »grauen Masse« bricht entweder die überkandidelte Kundschaft weg, weil die in Schlemmermagazinen liest, was wirklich »IN« ist und was der Profi braucht – oder die breite Basis erodiert, weil Tchibo, Lidl, Aldi und Co. alle drei Monate »Küchen-Aktionen« fahren, mit gnadenlos günstigen Angeboten, die es nur geben kann, weil gigantische Mengen dahinter stehen.

Die Methode, mit der sie für ihr Unternehmen beurteilen können, ob sie in diesem Hyperwettbewerb auf der richtigen Spur sind, habe ich Ihnen bereits in meinem ersten Buch mit dem vierstufigen Diagnosebaum vermittelt. Leider aber sind immer noch viel zu viele Unternehmen nicht in der Lage – obwohl sich die konjunkturelle Lage wieder deutlich verbessert hat – alle vier Schlüsselfragen mit einem klaren »Ja« zu beantworten.

Das heißt, dass es für diese Unternehmer unverändert akut ist, sich mit dem Phänomen des globalen Hyperwettbewerbs intensiv auseinanderzusetzen und sich die ernste Frage zu stellen: Wo stehen wir heute und wie sollten wir uns idealerweise strategisch aufstellen? Gehören wir auch (noch) zur »grauen Masse«, die in der Zange sitzt und vom Untergang bedroht ist? Hier, zur Erinnerung, noch einmal zum Einstieg dieselbe kleine Prüfung. Kurze Fragen – kurze Antworten:

- Ist Ihr Rohertrag in den letzten drei bis fünf Jahren kontinuierlich gestiegen? Ja, super!
- Ist Ihre Umsatzrendite auch gestiegen? Ja, super!
- Steigt auch Ihr Marktanteil? Ja, ganz hervorragend!
- Steigt auch noch der Durchschnittswert pro Artikelposition? Ja!

In allzu vielen Fällen aber, ob im Handel, im Handwerk, im Dienstleistungssektor oder in der Industrie gilt: Wir stehen in der Mitte! Wir differenzieren uns von unseren Wettbewerbern weder durch besonders günstige Preise noch durch eine besondere Marke noch durch besondere Raffinesse.

Da sind die kleinen Einzelhändler um die Ecke (sofern es die noch gibt), das Schuhgeschäft in der Kreisstadt, der Friseur, aber auch der ganz normale Fliesenleger, der brav seine Kostenvoranschläge macht und mit viel Glück und privater Beziehung zum Architekten immer noch den einen oder anderen Auftrag ergattert. Aber da sind auch die mittelständischen Produzenten von Kochtöpfen, Kronkorken, Joghurt, Schuhen, Werkzeugen und Werkzeugmaschinen, von Transportpaletten, Elektronikteilen und vielen anderen Industriegütern mehr. Sie alle haben im Grunde genommen dasselbe Problem: Sie scheinen als Lieferanten heute leicht austauschbar zu sein.

Ich habe es in meinen Workshops immer wieder erlebt: Die einfache, für Unternehmer jedoch ganz wesentliche Frage, wodurch sie sich von Ihren Wettbewerbern differenzieren, ruft lange, mitunter auch sehr lange Denkpausen hervor, wobei am Ende die Erkenntnis steht: Das können wir nicht präzisieren! Im Prinzip sind wir nicht besser oder schlechter als unsere Hauptwettbewerber. Mal gewinnen die den Auftrag, mal erhalten wir den Zuschlag. Bei nüchterner Betrachtung gibt es hier kein System.

Diese Aussage gilt bei allen positiven Entwicklungen hierzulande leider immer noch für die allermeisten Unternehmen, für die es künftig sehr, sehr eng werden wird. Wie rasch, hängt in erster Linie vom Unternehmer ab, ob er die strategische Ausrichtung seines Betriebs als Branchenerster beginnt oder einer seiner Wettbewerber. Wenn Sie es sind, können Sie Ihre Zukunft weiterhin selbst gestalten. Wenn es Ihr Konkurrent ist, kann es bald schon schwierig für Sie werden und final das »Aus« bedeuten.

Die Zeit drängt. Sie müssen handeln! Die nächste Konjunkturflaute ist gewiss und dann wird erneut abgerechnet, wer seine Hausaufgaben ordentlich macht und wer nicht. Getreu dem treffenden Satz: »Recession uncovers what auditors do not«! Im Abschwung zeigen sich die eigentlichen Probleme! Dann beginnt der Selektionsprozess wieder mit ganzer Härte.

Und selbst in Zeiten der konjunkturellen Entspannung illustrieren die Wirtschaftsseiten der Tageszeitungen ohne Unterlass, wie der Hyperwettbewerb wütet: Tengelmann war mit seinem Discounter PLUS nicht mehr in der Lage, preislich mit den Hauptwettbewerbern Lidl und ALDI Schritt zu halten und musste verkaufen, weil er eben nicht Preisführer war und weil folglich im Preiskrieg mit den »Spitzenleistern« massive Verluste drohten. Siemens konnte nicht erklären, warum man seine Handys kaufen sollte und musste sich von der Sparte trennen. Und selbst Motorola – noch vor wenigen Jahren Trendsetter mit dem »Razr«-Handy – muss sich damit befassen, dieses Geschäft aufzugeben! Auch Nokia steckte lange in Kalamitäten. Das iPhone scheint zu vielen Kunden die bessere Alternative zu sein.

IBM hat die PCs schon lange hinter sich gelassen und bei Ford und GM sieht es auch nicht unbedingt so aus, als ob sie alleine überlebensfähig sind. General Motors musste 2009 nach einem Rekordverlust sogar Insolvenz anmelden, Karstadt auch. Abgesehen von den Spezifika verbindet alle Fälle im Grunde eins: Mittelmaß in der einen oder anderen Weise!

Die Beispiele machen klar: Der Hyperwettbewerb trifft alle und jede Betriebsgrößenklasse. Konzerne, Mittelständler, Grossisten, Einzelhändler und Handwerker. Keine Branche und keine Sparte kommt ungeschoren davon. Jeder muss heute in der Lage sein, seinen Kunden genau zu erklären, warum er jetzt bei ihm und nicht beim Wettbewerb kaufen soll. Wenn sie dieses »Warum« noch mehr interessiert, empfehle ich Ihnen die Lektüre meines ersten Buches, »Verdammt zur Spitzenleistung«.

Hier und heute soll es in erster Linie darum gehen, diejenigen von Ihnen an die Hand zu nehmen, die das »Warum« verstanden haben und nun eine konkrete Anleitung wollen, was Schritt für Schritt zu tun ist, um das Unternehmen vor dem Abgrund zu retten und es in eine erfolgreiche Zukunft zu führen. Dass dies geht, beweisen Firmen und Marken wie Audi, die Schweizerische Uhrenindustrie, Lindt & Sprüngli oder Danone, um nur einige zu nennen, die den strategischen Turnaround hinter sich haben.

Also, packen wir es gemeinsam an! Mit der richtigen Methodik und mit einer systematischen Vorgehensweise ist die Erarbeitung Ihrer Unternehmensstrategie kein Hexenwerk!

Viele praktische Beispiele, die ich persönlich realisiert oder sehr intensiv begleitet habe, belegen: Es ist nur in den seltensten Fällen zu spät, seine strategische Unternehmensführung beherzt zu beginnen! Oft fehlt es nur am unternehmerischen Mut und am Wissen, wie dabei praktisch vorzugehen ist. Letzteres will ich Ihnen gut verständlich vermitteln. Den Mut zur Entscheidung und zum Handeln haben Sie dann aber bitte selbst!

## DAS 10-P-MODELL DER STRATEGISCHEN BAUSTEINE

Es war mir in den letzten Jahren vergönnt, mehrere Dutzend Unternehmen auf ihrem Weg aus dem Jammertal, also aus der »Todeszone Mittelmaß«, herausbegleiten zu dürfen. Entweder selbst an vorderster Front als CEO oder als Coach der Unternehmer in Aufsichtsräten und Beiräten oder im Rahmen intensiver Workshop-Prozesse.

Aus diesen Erfahrungen ist das 10-P-Modell entstanden. Es beruht auf der Erkenntnis, dass es im Wesentlichen nur zehn elementare Strategie-Bausteine sind, die aufeinander abgestimmt darüber entscheiden, ob es Ihnen gelingt, Ihr Unternehmen langfristig zu sichern und zur Spitzenleistung zu entwickeln oder nicht. Dass diese zehn Bausteine alle mit dem Buchstaben »P« beginnen ist gewollter Zufall, dem ich durch den Gebrauch deutscher und englischer Vokabeln ein wenig nachgeholfen habe. Ich bitte, mir diese Inkonsistenz nachzusehen.

Bei alledem zeigt die Praxis deutlich, dass Erfolg oder Misserfolg das Produkt dieser zehn Strategie-Bausteine ist. Nimmt ein Baustein den Wert Null an, ist das gesamte Ergebnis dahin. Alle anderen neun Buchstaben können dann noch so toll inszeniert werden. Wenn ein einziger Baustein fehlt oder mangelhaft auf den Rest abgestimmt ist, war die ganze Mühe umsonst! Es muss einfach alles stimmen, und das heißt dann doch eben wieder: »Spitzenleistung«!

Beginnen wir mit der »Positionierung«.

Hier beginnt in den meisten Unternehmen bereits das Problem, weshalb dieser Baustein auch an erster Stelle steht: Die Verantwortlichen sind sich nicht darüber im Klaren, in welchem Markt sich das Unternehmen oder die Produkte des Unternehmens überhaupt bewegen. Man sollte es kaum glauben, aber selbst Konzerne mit glänzenden Namen haben nicht selten Produktlinien oder Marken im Portfolio, von denen niemand verbindlich sagen kann, in welchem Markt diese oder jene Linie nun wirklich agiert.

**DAS 10-P-MODELL**
**ZEHN STRATEGISCHE BAUSTEINE EINES GESAMTKONZEPTS**

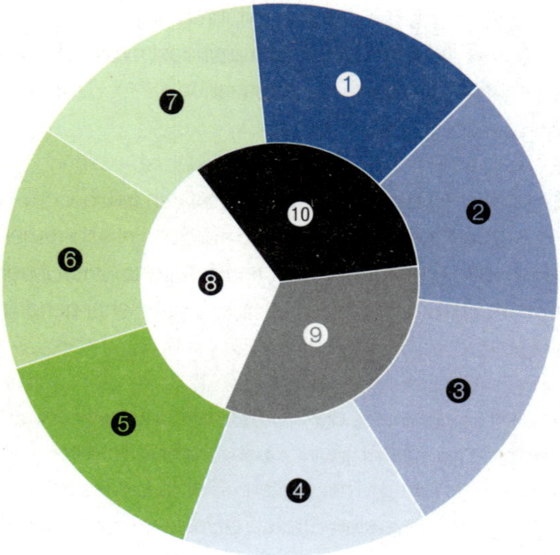


❶ **Positionierung**
Welche Zielkunden sollen mit welcher Nutzen-Argumentation …

② **Produkte**
… mit welchen Produkten und Dienstleistungen gegen welche Wettbewerber …

③ **Preise**
… bei welcher Preis-/Leistungspositionierung …

④ **Places (Distribution)**
… in welchen Ländern und über welche Vertriebsschiene …

⑤ **Partner**
… unterstützt durch welche Partner (Steigbügelhalter) …

⑥ **Präsentation**
… und gefördert durch welche Produktpräsentationen …

⑦ **Positionierung**
… und durch welche Promotion erfolgreich bearbeitet werden?

⑧ **Prozesse**
Dank welcher Prozessabläufe …

⑨ **People**
… und welcher Fachleute …

❿ **Performance**
… lassen sich welche wirtschaftlichen Ergebnisse … konkret erzielen?

Abb. 1

»Fruitopia« von Coca Cola oder »Fructiv« von Müller-Milch sind klassische Beispiele. Ist das nun ein Erfrischungsgetränk, ein Energydrink oder eher ein Fruchtsaft oder vielleicht gar ein »Boostergetränk« in der Kategorie von »Red Bull«? Die Konzerne mit ihren großen Marketing-Stabsabteilungen wissen es jedenfalls nicht, zumindest nicht genau genug, um daraus eine richtige »Erfolgsstory« zu machen.

Wenn aber schon die Positionierung nicht klar ist, weiß ich ja gar nicht, welche Zielkundschaft ich überhaupt ansprechen will, geschweige denn, wer meine Hauptwettbewerber sind und – noch viel schlimmer – wie die Botschaft für meine potenziellen Kunden lautet, damit ich ihnen erklären kann, warum sie ausdrücklich mein Produkt und nicht irgendein anderes kaufen sollen.

Die allermeisten »Flops« und die allermeisten unternehmerischen Katastrophen entstehen an dieser Stelle: Durch unklare Positionierungen. Deshalb werden wir uns intensiv mit diesem Thema befassen. Generell aber gilt, dass sich bereits im ersten Strategie-Baustein zu einem hohen Prozentsatz entscheidet, ob ihr Unternehmen oder eine Ihrer Produktlinien oder eine Ihrer Marken eine langfristige Erfolgsperspektive hat oder nicht.

Ist die Positionierung aber klar, in welchem Markt bzw. bei welchen Zielgruppen Sie gegen welche Wettbewerber mit welcher Botschaft antreten wollen, muss das Angebot strikt auf diese Positionierung abgestimmt werden. Das heißt, das Produkt, der zweite Baustein, muss exakt dem entsprechen, was Sie gemäß Ihrer Positionierung bezwecken wollen. Zur Erläuterung sei gesagt, dass dies natürlich auch für Dienstleistungen gilt, die nicht nur bei Banken und Versicherungen lange schon zu Produkten gebündelt worden sind.

Erfüllt das Produkt die Aufgabe nicht, die genau definierte Zielkundschaft zufrieden zu stellen, oder erfüllt es sie nur halbherzig, sind wir schon wieder vom Scheitern bedroht! Von der Positionierung allein kann ja keiner leben. Das können wir nur von verkauften Mengen.

Gelingt es Ihnen erfreulicherweise jedoch, das Produkt sauber auf die definierte Positionierung abzustimmen, kommt der nächste Stolperstein: Das Preis-/Leistungsverhältnis muss stimmen! Das tollste Produkt in einem noch so klar definierten Marktsegment nützt nichts und verkauft sich nicht oder nur schlecht, wenn der Preis nicht der vom Kunden wahrgenommenen Leistung entspricht. Das Preis-/Leistungsverhältnis ist unser dritter Baustein, der sich harmonisch ins Gesamtgefüge einordnen muss.

Was habe ich da schon für Dramen erlebt! Ein super Produkt, toll ausgearbeitet, Marktpotenzial klar vorhanden aber preislich falsch angesetzt, verkam zu einem gigantischen Flop. Die Zahlungsbereitschaft der Kundschaft wurde schlicht und ergreifend falsch eingeschätzt. Der »Phaeton« von VW ist so ein Beispiel. Dann erst mit Rabatten oder mit Discount zu reagieren, kommt oft zu spät: Das tolle Produkt hat seinen Schlag weg.

Es wird Sie vielleicht überraschen, aber der nächste Baustein wird von vielen Entscheidungsträgern oft vergessen, übersehen, ignoriert oder fehlverortet und hat daher schon sehr große Projekte, bei denen sonst alles, aber auch wirklich alles, richtig gemacht wurde, zu Fall gebracht.

Es ist der Baustein »Places«, die Beherrschung des richtigen Vertriebswegs. Sie kennen das wahrscheinlich aus Ihrem eigenen Unternehmen. Sie sind sehr erfolgreich unterwegs, es läuft alles wie geschmiert. In dieser Situation kommen dann gern die mutigeren Vorhaben auf den Tisch.

So kam ein Hersteller von klassischen Süßigkeiten auf die Idee, ein Produkt zu entwickeln, das unbedingt gekühlt werden muss, wobei er leider nur die Komplexität dieses Details komplett unterschätzte, weil er zwar im Lebensmittel-Einzelhandel bestens vertreten war, aber halt nicht im Kühlregal mit seinen ganz anderen Gesetzmäßigkeiten: Mit anderen Einkäufern, einer ausgefeilten Kühllogistik, die er nicht hatte, mit Mindesthaltbarkeitsdaten, die bei einem Zehntel seiner üblichen Produkte lagen (10 Tage statt 3 Monate) und anderes mehr. Fazit: Tolles Produkt, Markt gegeben, Preis kein Thema, aber die neue Distribution ist zu komplex: Er scheitert!

Oder umgekehrt: Der Molkereikonzern, der sich bestens im Kühlregal auskennt und vertreten ist und nun in den »Out-of-Home«-Kanal einsteigen will: Raststätten, Schnellrestaurants, Kioske etc. Eine gigantische Komplexität ohne klare Synergien zum bestehenden Geschäft, an der sich selbst sehr kapitalstarke Unternehmen die Zähne ausbeißen können.

Woran, glauben Sie, ist der »Smart« von Daimler fast gescheitert? Oder das sonst so erfolgreiche Produkt XY aus Ihrem eigenen Hause, das in Frankreich, Russland, China, Indien und Ägypten einfach nicht »fliegen« will? In der Regel ist es Ihrer Vertriebsmannschaft nicht gelungen, in diesen Märkten den richtigen Vertriebskanal für diese Produkte zu etablieren.

Damit sind wir bei einem weiteren Baustein, der vielfach unterschätzt wird und deshalb viel zu selten zum Einsatz kommt. Es ist der Baustein »Partner«! Wo sind die möglichen Partner für Ihr Unternehmen bzw. Ihre Produkte, die gleich gelagerte Interessen haben und denen Ihr Produkt hilft, ihre eigenen Marktansätze zu unterstützen?

In der Pharmaindustrie sind das natürlich die Ärzte, aber ich habe auch schon erlebt, dass Berufsgenossenschaften und selbst Betriebsräte zu Partnern werden können. Oder denken Sie an einen Werkzeughersteller, der Spritzpistolen fertigt. Für ihn stellt die Lackindustrie einen Partnerpool dar, auf den er nicht verzichten sollte, wenn er kompetent auftreten will.

Dasselbe gilt für einen Molkereikonzern, der ein Produkt in den Markt einführt, das ein bestimmtes Gesundheits-Wirkversprechen macht. Auch er braucht Partner, die seine Glaubwürdigkeit unterstreichen und mit ihrer Reputation dafür sorgen, dass das breite Publikum nachhaltig von seinem Angebot Kenntnis nimmt. Ob die Menschen dann am Ende kaufen, ist damit noch nicht gesagt. Unter den neun anderen Bausteinen kann sich ja einer befinden, dessen Vernachlässigung die Bemühungen zunichte macht.

Der nächste strategische Baustein in der logischen Kette ist die Präsentation. Die Automobilindustrie zeigt auf Automessen eindrucksvoll, welche

Bedeutung dieses »P« in der Praxis hat. Oder denken Sie an die Modebranche mit ihren Prêt-à-Porter-Schauen! Ohne solche Events wäre dieses Geschäft nicht vorstellbar. Aber was machen Sie in Ihrem Betrieb, um ihre nächste Neuheit eindrucksvoll in Szene zu setzen? Sind Sie da nicht vielleicht ein wenig zu schüchtern? Oder zu sparsam am falschen Fleck?

Sie sollten im Laufe der Lektüre dieses Buches darüber nachdenken. Auch der Baustein »Präsentation« ist ein wichtiges Element in der Kette zum Erfolg. Wenn eine Inszenierung gegen Null geht, kann sehr schnell auch das Gesamtergebnis gegen Null tendieren.

Von der Präsentation zu unterscheiden ist die Promotion. Sie geht weit darüber hinaus, auf das Produkt aufmerksam zu machen, also Kunden zu informieren, was es so Tolles gibt. Hier geht es um das »Hard selling« von Waren und Dienstleistungen. Auch hier lässt sich vieles richtig oder falsch machen: Zu viel oder zu wenig? Zu aggressiv oder zu zaghaft? Zu oft oder zu selten? »Push« oder »Pull«? Was ist das richtige Maß? Das sind die großen Herausforderungen des siebten Strategie-Bausteins.

Mit den bisher eingeführten Bausteinen haben wir eine Struktur definiert, wie die »Value Proposition« eines Unternehmens in Grundzügen beschrieben werden kann. Sozusagen das Selbstverständnis des Unternehmers, welche Zielgruppe(n) er mit seinem Angebot erschließen will und was er tut, um eine möglichst breite Kundschaft für sein Angebot zu gewinnen.

Die letzten drei Bausteine befassen sich mit den Voraussetzungen, die in jedem Unternehmen intern zu schaffen sind, damit der Unternehmer das, was er an der Schnittstelle zum Kunden – und damit zum Geld – erreichen will, auch erreichen kann. Diese drei Strategie-Bausteine sind unabdingbar dafür, dass ein Angebot bei Kunden seine volle Wirkung entfalten kann.

Starten wir mit dem ersten internen Baustein: Den Prozessen! Diese Fälle kennen Sie auch: Da hat einer ein prima Produkt, alle sind begeistert, aber die Lieferzeiten, die Lieferzeiten! Oder noch schlimmer: Tolles Angebot, aber die Qualität: Eine Katastrophe! Italienische Autos waren bzw. sind das Synonym für solche Miseren. Die Ursache dieser Probleme liegt darin, dass einfache Standardprozesse nicht so beherrscht werden, wie sie beherrscht werden müssen, damit am Ende zufriedene Kunden stehen, die wieder kaufen und ihre Begeisterung anderen potenziellen Kunden mitteilen, so dass das Unternehmen den Schub erfährt, den es dringend braucht, um tolle Zahlen zu schreiben und nach vorn zu marschieren.

Wenn die Prozesse nicht richtig funktionieren, hat das oft mit Fragen der Organisation zu tun, was ebenfalls unter »Prozesse« zu subsumieren ist. In jedem Fall aber sind es die Menschen im Unternehmen, die ihre Verantwortung dafür tragen, ob es »läuft« oder nicht. Deshalb hat der Baustein »People« zentrale Bedeutung in unserem Modell. Alles, was in einem Unternehmen geschaffen wird (oder eben auch nicht) wird von Menschen geschaffen. Dabei kommt es auf den Leistungswillen ebenso an wie auf die Leistungsfähigkeit. Wir betrachten das im Detail im vorletzten Kapitel.

Damit kommen wir zum zehnten Baustein: Der Performance! Kennen Sie Präsentationen von Business-Plänen, die in wunderschönen Charts Fünf-Jahrespläne malen, dynamische Entwicklungskurven beschreiben, alles sehr beeindruckend aufgemacht? Selbst Börsenprospekte nehme ich da nicht aus. Wenn Sie dann aber insistieren: »Und mit welchen Produkten, bei welchem Preis-/Leistungsverhältnis, gegen welche Wettbewerber wollen Sie diese super Zahlen erreichen?« merkt man bisweilen, wie unangenehm dem Präsentator diese Frage ist und wie verlegen und wortkarg er auf einmal wird. Das hat er sich offenbar noch nicht so genau überlegt, aber dass er 100 Millionen Euro Umsatz und x Millionen Euro Gewinn machen will, weiß er trotzdem schon ganz genau!

Die Performance habe ich bewusst ans Ende meiner Bausteinreihe gesetzt, weil sie die Summe dessen in Zahlen und Tabellen beschreibt, was in den neun anderen Bausteinen erarbeitet wurde. Der Business-Plan ist das Resultat der Strategiearbeit, nicht ihr Zweck. Das wird in der Praxis leider oft verwechselt. Was hier zu beachten ist, steht im Schlusskapitel.

Hinsichtlich der Performance geht es in erster Linie darum, sich klar darüber zu werden, ob die erforderlichen finanziellen Ressourcen bereitgestellt werden können, um die vorab definierte Strategie in Form der neun Bausteine realisieren zu können. Die besten Strategien und noch so gut abgestimmte Konzepte sind nichts wert, wenn sie schließlich aus finanziellen Gründen nicht realisiert werden können. Deshalb muss auch dieses »P« größer Null sein. Sonst ist alle Mühe vergebens!

Ich empfehle Ihnen, an dieser Stelle inne zu halten und sich zurückzulehnen. Überlegen Sie, welche strategischen Bausteine bei Ihnen im Unternehmen die Hauptengpässe sind. Wo müssen wir anpacken? Was hat oberste Priorität? Auf welche Frage haben wir Stand heute noch keine befriedigende Antwort?

Gehen Sie diesen zentralen Punkt an! Die folgenden Kapitel können Sie auch als in sich abgeschlossene Abhandlungen lesen. Konzentrieren Sie sich zuallererst auf den Engpass!

## TEIL 1: DIE EXTERNEN STRATEGIE-BAUSTEINE

Nachfolgend geht es um die sieben Strategie-Bausteine, die in der Beziehung eines Unternehmens zu seinen Kunden strategisch bedeutsam sind. Der zweite Teil des Buches ergänzt dieses Themenfeld um die internen Strategie-Bausteine, deren Beherrschung die Voraussetzung dafür ist, dass die nach außen gewandten Bausteine ihre Wirkung entfalten.

### Der erste Strategie-Baustein: Die Positionierung

Die Szene, die ich Ihnen jetzt schildere, spielt sich mit schöner Regelmäßigkeit ab, wenn ich in ein Unternehmen komme und den Inhaber oder den Geschäftsführer bitte, mir zu sagen, welche Leistungen sein Haus bietet. Die Auskunft ist meist kurz und knapp und ich höre: »Ach wissen Sie, wir unterscheiden uns in unserem Angebot nicht wesentlich von unseren Wettbewerbern. Was wir können, können die eigentlich auch.«

Der daraufhin ausgehändigte Produktkatalog sowie die Beschreibungen der Dienstleistungen und der Internetauftritt unterstreichen diese unspezifische Aussage oft eindrucksvoll: Wenn Anbieter keinen klaren Kundenbezug haben und keine marktbezogene Struktur besitzen, ziehen sie sich gern auf die technologische Kompetenz zurück, auf die hervorragenden Fähigkeiten in der Produktion, auf ihre hoch qualifizierten, motivierten Mitarbeiter und auf andere Nebenschauplätze mehr. All das vielleicht sogar noch nett bebildert, aber viel zu wenig, um künftig noch erfolgreich zu bestehen! Näher betrachtet handelt es sich um ein Sammelsurium diverser Produkte und Leistungen, die zwar alle gut beschrieben sind, aber eben den direkten Bezug auf die relevanten Kundengruppen vermissen lassen, geschweige denn herausarbeiten, worin denn bitte die absolute Besonderheit in diesem Angebot für den Kunden liegt.

Eine überzeugende Antwort auf die Frage: »Warum, lieber Kunde, sollst Du mein Produkt kaufen oder meine Leistungen in Anspruch nehmen und nicht die meiner Wettbewerber?« sucht man vergebens.

Außerdem fehlt vielen Katalogen und Web-Auftritten der berühmte »Rote Faden«. Leser und »User« tun sich schwer, eine klare Struktur im Angebot zu erkennen, was in erster Linie daran liegt, dass diese Unternehmen tatsächlich keine durchgängige Logik haben, mit der sie ihr Portfolio für jedermann nachvollziehbar gliedern. Professionell gesprochen fehlt die plausible Segmentierung. Daher ist es in vielen Fällen erforderlich, zuerst eine strategische Aufteilung der einzelnen Geschäftsfelder vorzunehmen, bevor überhaupt mit der Positionierung begonnen werden kann.

**Der erste Schritt: Die strategische Segmentierung der Geschäftsfelder**

Schauen Sie sich Ihr Leistungsangebot ganz unbefangen an und beantworten Sie die Frage: Wie homogen ist unser Geschäft denn wirklich?

Um ihnen den Sinn dieser Aufgabe noch mehr zu verdeutlichen, stellen Sie sich eine Gebäckschale vor. Jemand fragt Sie, ob ihr Inhalt homogen ist oder nicht. Natürlich werden Sie antworten: Klar, alles dasselbe. Es ist ja nur Gebäck in der Schale. Dem Frager reicht das aber nicht, und er bittet Sie, doch noch einmal näher hinzusehen und herauszufinden, ob es nicht doch Unterschiede zwischen den einzelnen Ausprägungen gibt.

Je länger Sie nun die einzelnen Teile betrachten, umso mehr fallen ihnen die faktischen Unterschiede auf: Da gibt es Gebäck, das salzig schmeckt, und es gibt süßes. Dann gibt es bei den süßen Sachen solche mit Alkohol und ohne. Es gibt welche, die durch ihr Aussehen und ihre Beschaffenheit eher Kinder ansprechen, andere adressieren Erwachsene. Beim salzigen Gebäck gibt es besonders scharfe Teile, andere sind eher mild. Sie können diese Begriffspaare fortsetzen. Was Sie aber vor allem sehen, ist, dass es durchaus eine beachtliche Ausdifferenzierung gibt. Und genau auf diese Unterschiede kommt es ganz entscheidend an, wenn Sie Ihr Geschäft zukunftsorientiert strategisch führen wollen!

Lassen Sie mich diese Aussage noch an einem anderen Beispiel erläutern: Nehmen wir den schon erwähnten Molkereikonzern in Deutschland, wobei es sich ebenso gut aber auch um ein Chemie-Unternehmen handeln könnte, und betrachten wir dessen Leistungsspektrum einmal ganz nüchtern aus der Distanz. Dann sehen wir, dass sich hier Produkte wie Joghurt, Sahne, Milch, Milchsnacks, Hartkäse, Weichkäse, Desserts, Milchpulver, aber auch Laktosepulver, unter einem Firmendach, ja sogar teilweise unter einer Marke, vereinen.

Bei diesem Potpourri fällt es leicht zu sagen, ob diese Produkte »homogen« sind oder nicht. Sie sind es nur in Bezug auf ihren Ursprung: Alles basiert im Grundsatz auf dem Rohstoff Milch, so wie gerade erklärt: Alles Gebäck! Aber das ist es dann auch schon. Im Hinblick auf die Zielkunden – und das ist der entscheidende Punkt in der Positionierung – könnte das Spektrum kaum heterogener sein, gerade auch im Hinblick auf die jeweilige Wettbewerbssituation.

Vereinfacht lassen sich die strategischen Segmente mit einem Portfolio darstellen: Die Produkte der Molkerei werden sowohl an Endkunden (B-to-C) als auch an Weiterverarbeiter (B-to-B) verkauft und zwar in zwei Erscheinungsformen: Als standardisierte Produkte (»Commodities«) und als individualisierte Produkte mit hoher Differenzierung (s. Abb. 2).

Nehmen wir die Joghurts: Hier handelt es sich eindeutig um Produkte, die sich unmittelbar an den Konsumenten wenden, wobei sie in Maßen individualisiert sind. Ob es die verschiedenen Geschmacksrichtungen sind, die differenzierte Verpackung oder vielleicht ein funktionaler Zusatznutzen: Jedes Produkt muss sich täglich neu im Kühlregal verkaufen, also den Verbraucher unmittelbar überzeugen.

Insofern geht es im Wesentlichen um die Produktleistung und deren Nutzenvorteile für den Verbraucher, die ständig kommuniziert werden müssen, ob durch die Marke oder durch eine Handelsmarke.

Wenn wir demgegenüber aber H-Milch, Butter oder saure Sahne nehmen, dann spielt der Produktnutzen eine viel geringere Rolle, weil sich ei-

**GESCHÄFTSFELDER EINER MOLKEREI MIT HOHER WERTSCHÖPFUNGSTIEFE UND STARKER DIVERSIFIKATION**

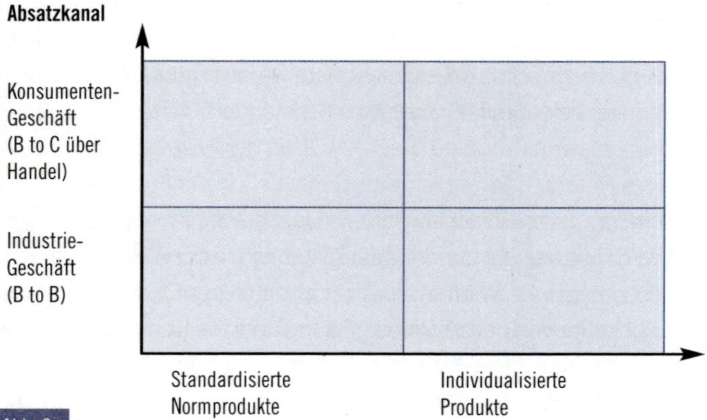


Abb. 2

ne H-Milch nun mal nicht grundlegend von einer anderen H-Milch unterscheiden lässt. Milch ist eben (fast) doch gleich Milch, sieht man von den randständigen Ausnahmen »Bio-Milch« oder »Öko-Milch« einmal ab.

Insofern haben wir es aus strategischer Sicht mit zwei völlig verschiedenen Segmenten zu tun, die verschiedene Vorgehensweisen erfordern. Bei einem individualisierbaren Produkt kommt es darauf an, den Kundengeschmack einschließlich der Verpackung und anderer Merkmale genau zu treffen, während bei den standardisierten Produkten wie H-Milch, Butter und saurer Sahne die Milchbeschaffungskosten, die Produktionskosten und die Prozesseffizienz im Vordergrund stehen.

Bei alledem lässt sich Milch sehr vielfältig in Nahrungsmittel verwandeln, unter anderem auch zu Käse. Nötig ist zunächst, der Milch (Lab-)Kulturen zuzusetzen. Als »Abfallprodukt« der Käseerzeugung entsteht Molke, die selbst wieder auf verschiedene Art und Weise verwertet werden kann. Durch entsprechende Filtrationen, bei denen Eiweiß-Bestandteile separiert werden, entsteht Laktose, die je nach ihrem Reinheitsgrad in der

Lebensmittelindustrie in der Herstellung von Fertiggerichten, Schokolade und Speiseeis oder in der Pharmaindustrie Verwendung findet.

Strategisch betrachtet ist dieser Produktbereich ein völlig eigenständiges Geschäft, das auch als solches gehandhabt werden muss, vor allem aber dann, wenn es sich ebenfalls wieder in eher standardisierte Produkte und eher individualisierte Produkte gliedert, was in der Praxis der Fall ist.

Laktose ist ein ganz einfaches Pulver, das weltweit in »Big Bags« verschickt wird. Für die Standardqualität gelten einheitliche Weltmarktpreise. Der entscheidende Wettbewerbsfaktor liegt in der Effizienz der Wertschöpfungskette: Von der Milchbeschaffung über die Energieeffizienz bis hin zum kostengünstigen Versand.

Demgegenüber finden sich bei individualisierten Spezialprodukten wie der Pharmalaktose, die dazu dient, die Wirkstoffe in Medikamenten zu binden und für den Körper verträglich zu dosieren, ganz andere Anforderungen. In diesem Segment treten internationale Pharmahersteller als Kunden auf, die höchst individuelle Anforderungen stellen, die sich auf die Qualität, den Reinheitsgehalt, die Granulierung sowie auf spezielle Verpackungsformen beziehen, um das Vorprodukt mit möglichst geringem Aufwand in der eigenen Arzneimittelproduktion einsetzen zu können.

Die Kunden wünschen sich teilweise sogar, dass die Molkerei selbst erste Veredlungsstufen (»Compounds«) produziert, um die eigene Wertschöpfungskette zu verkürzen. Dabei spielen die Kosten nur eine untergeordnete Rolle. Entscheidend ist, wie sehr die Molkerei versteht, was die Pharma-Industrie im Einzelnen will und wie perfekt sie ihre Wünsche an das Produkt großtechnisch realisieren kann, nachdem erste Proben im Labormaßstab von den Abnehmern freigegeben wurden.

Aus der hier vorgestellten Grobanalyse ergeben sich vier völlig verschiedene Geschäftsfelder, die alle höchst differenzierte Strategien erfordern, weil sie von ganz unterschiedlichen Haupterfolgsfaktoren bestimmt werden. Aus diesen Strategien erwachsen wiederum sehr individuelle Anforderungen an die Ausgestaltung der entsprechenden Strategie-Bausteine. Die »Normstrategien« sind wie nebenstehend zu beschreiben (s. Abb. 3).

Spannend ist, ob die Molkerei die Kraft und die Ressourcen hat, um alle vier Geschäftsfelder, die sich ja noch weiter nach Marken und Produktgruppen differenzieren, in gleicher Weise zum Erfolg bzw. gleich zu Spitzenleistungen zu führen. Dies alles vor dem Hintergrund, dass standardisierte Produkte hohe Investitionen verlangen, um anschließend Kostenvorteile zu erzielen. Demgegenüber setzen individualisierte Produkte erhebliche Aufwendungen in Forschung und Entwicklung voraus. Bei Markenprodukten fließt zudem noch regelmäßig viel Geld in die Werbung.

In der Praxis ist diese Frage erst zu beantworten, wenn für alle vier Geschäftsfelder ein ausgearbeitetes 10-P-Modell existiert und Transparenz bezüglich des zehnten Bausteins »Performance« besteht, welche Umsatz- und Ertragschancen welche Aufwendungen voraussetzen.

Was ich hier beschreibe, ist kein Spezifikum des Molkereigeschäfts. Die analytische Strukturierung der einzelnen Geschäftsfelder ist in allen größeren Unternehmen der unverzichtbare erste Schritt, bevor über den ersten strategischen Baustein, die Positionierung, nachgedacht werden kann, sofern die Differenzierung der Geschäftsfelder nicht schon erfolgt ist.

Einen wichtigen Hinweis darauf, ob bereits in strategischen Geschäftsfeldern gedacht wird, gibt nicht nur die Struktur des Katalogs und der »Website«, sondern vor allem die Form der Organisation, mit der das Unternehmen arbeitet: Je funktionaler der Aufbau ist, also F & E, Produktion, Vertrieb, Finanzen etc. sauber voneinander getrennt, umso höher ist die Wahrscheinlichkeit, dass noch nicht modern in Geschäftsfeldern gedacht wird, sondern dass man unverändert glaubt, alles im Hause sei homogen.

Leider aber ist die Ableitung von strategischen Geschäftsfeldern nicht mit einer Standardmethodik zu machen. Dafür sind Unternehmen in ihren

## ALLE PRODUKTE DER MOLKEREI LASSEN SICH EINDEUTIG EINEM GESCHÄFTSFELD ZUORDNEN, DAS JEWEILS VON SEHR UNTERSCHIEDLICHEN HAUPTERFOLGSFAKTOREN BESTIMMT WIRD

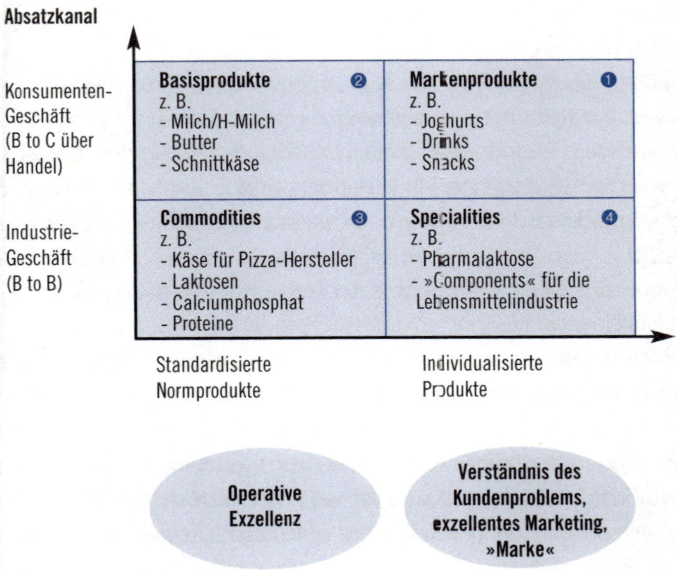


❶ Das Markengeschäft, gegebenenfalls das Handelsmarkengeschäft (z. B. Almighurt, Müller Milch, Actimel).

❷ Das »Basis-Geschäft« mit Basis-Standardprodukten.

❸ Das »Commodity«-Geschäft.

❹ Das »Spezialitäten/Veredlungsgeschäft« als Zulieferer für die Pharmaindustrie und die Lebensmittelindustrie.

Abb. 3

Branchen und Sparten zu vielfältig und heterogen. Allerdings lässt sich die Vorgehensweise generalisieren, wie zu ermitteln ist, ob ein Unternehmen reif für seine Ausrichtung nach Geschäftsfeldern ist oder ob Sie mit Ihrer Ausgestaltung der Geschäftsfelder den richtigen »Cut« gemacht haben. Zumindest ist die Theorie recht gut zu beschreiben. Die Praxis kann dann schon noch etwas komplizierter sein.

Zunächst geht es darum, Ihre Kunden in Verbindung mit den von ihnen gekauften Produkten oder Leistungen genau zu analysieren. Wer kauft was bei Ihnen und vor allem: Warum? Ziel ist, herauszufinden, ob die Anforderungen (Erwartungen) Ihrer Kunden wirklich homogen sind oder ob sie sich nicht doch bei näherer Betrachtung durchaus unterscheiden. Danach sollten Sie nach (Verhaltens-)Mustern suchen, die sich wiederholen und auf die bei der Segmentierung abgestellt werden kann.

Insofern bietet es sich methodisch an, einen morphologischen Kasten aufzuspannen, in den Sie die einzelnen Teile einordnen, wobei Sie dessen Dimensionen im Prozess entwickeln, während Sie die einzelnen Teile betrachten. Bei dieser Vorgehensweise sind mindestens drei Dimensionen zu berücksichtigen: Zum einen die Produkte bzw. die Produktgruppen selbst, Ihre Kunden (eingeteilt in Kundenklassen/-gruppen oder Segmente) sowie die Gründe bzw. die Gruppen von Gründen, warum Ihre Kunden Ihre Produkte kaufen bzw. was sie damit tun.

Nehmen wir noch einmal die Molkerei und sehen wir uns alle Produkte und Marken der Reihe nach in ihren klassischen Produktklassen/Kategorien an. Danach analysieren wir die Produkte im Detail, um eventuelle Besonderheiten zu identifizieren, etwa den Individualisierungsgrad der Produkte, die Haltbarkeit, die Güteklassen etc. Danach sehen wir uns die Kunden an und hier wieder ganz speziell in jeder Kundengruppe die Produkte, die sie kauft (s. Abb. 4):

Wie an diesem Beispiel einer vermeintlich einfachen Industrie – einer Molkerei – gezeigt, baut sich bei richtiger Vorgehensweise schrittweise eine

**FÜR JEDES DER VIER GESCHÄFTSFELDER MÜSSEN EIGENE STRATEGISCHE OPTIONEN ENTWICKELT WERDEN, WENN DIE EXISTENZ ALLER GESCHÄFTSFELDER LANGFRISTIG GESICHERT WERDEN SOLL**

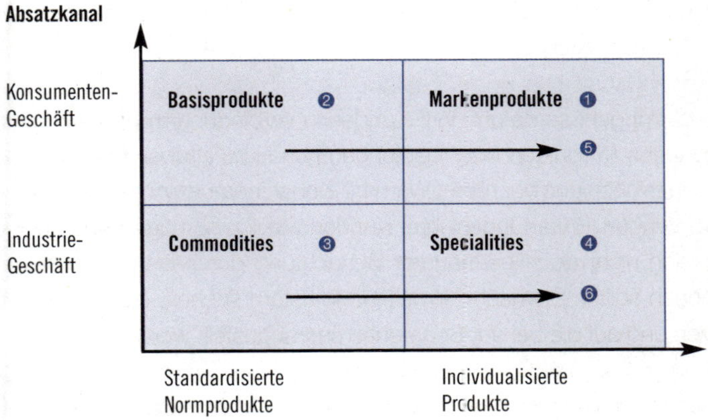


❶ - Ausbau des Geschäfts auf bestehenden Märkten in DE/IT/AT/GB
- durch gezielte Wettbewerbsverdrängung über Produktdifferenzierung und effiziente Werbung,
- durch innovative Produkte,
- durch Akquisition weiterer Marken.

- Ausbau des Geschäfts durch Eintritt in neue Marktsegmente, die bislang nicht bedient werden.
- Internationalisierung des Geschäfts in neuen regionalen Märkten.
- Portfolio-Bereinigung durch Streichung von Produkten ohne Alleinstellungsmerkmale.

❷ - Ausbau des Geschäfts durch Verdrängung und gezielte Maßnahmen zur Verbesserung der Kostenposition.

❸ - Ausbau des Geschäfts durch gezielte Maßnahmen zur Kostenoptimierung in der gesamten Wertschöpfungskette.

❹ - Ausbau der F & E-Aktivitäten zur Entwicklung kundenindividueller Spezialitäten.

❺ - Gezielte Produktdifferenzierung: Entwicklung von Alleinstellungsmerkmalen, um aus Basisprodukten attraktive Markenprodukte zu machen.

❻ - Gezielte Produktdifferenzierung: Entwicklung von Spezialitäten aus »Commodities«.

Abb. 4

Morphologie auf, die in der Lage ist, die in einem Unternehmen steckende Komplexität transparent zu reduzieren und so vor Augen führt, in welchen Geschäftsfeldern Sie eigentlich tätig sind. Ergänzend kann es hilfreich sein, sich auch die hinter den Produkten stehenden Technologien anzusehen, um auch hier gegebenenfalls Gemeinsamkeiten festzustellen.

In meinem ersten Buch, »Verdammt zur Spitzenleistung«, nenne ich diese Morphologie »Visionen-Schachbrett«, weil die Kombinationen des Produkt-/Markt-/Kunden-Clusters ganz konkrete Hinweise vermitteln, in welchen Märkten, also in welchen Wettbewerbsarenen, Sie sich eigentlich befinden. Diese Ergebnisse münden dann in die Definition einer Vision für jedes einzelne Geschäftsfeld ein.

Je nach Größe und Komplexität des Unternehmens schälen sich mit dieser Methode schrittweise alle strategischen Geschäftsfelder heraus, die sich anschließend im Sinne der eigentlichen Positionierung untersuchen lassen. Diese grundsätzliche Vorarbeit ist zwingende Voraussetzung dafür, damit Sie verstehen, welche Komplexität Ihr Unternehmen verkörpert. Und noch viel wichtiger: Damit sie erkennen, wie viele verschiedene Strategien Sie für Ihr Unternehmen finden müssen.

In diesem Sinne begleite ich seit Jahren einen Betrieb, der seine Anfänge in einer Sägerei hatte und sich nach und nach zu einem namhaften Hersteller von Transportgestellen und Behältern entwickelt hat. Dabei ist dieser Anbieter trotz seines steigerungsfähigen Gesamtumsatzes von gerade einmal 50 Millionen Euro in nicht weniger als fünf Geschäftsfeldern tätig!

Das erste Geschäftsfeld umfasst einfache Massenwaren wie Transportpaletten. Daneben werden spezifische Holzgestelle gebaut, die als Transportverpackungen in mehrere Abnehmerbranchen gehen. Das dritte Geschäftsfeld gilt Transportgestellen aus Metall, meist für die Automobilindustrie. Außerdem gibt es noch Rollbehälter und Transportmittel für die Lebensmittelindustrie sowie kleinere Handlinggeräte zum Umpacken, Verladen und Sortieren von Waren von einem Transportgestell auf ein anderes.

Jedes Geschäftsfeld weist seine ureigenen Erfolgsfaktoren auf, da mit den verschiedenen Produkten ganz verschiedene Kundengruppen bedient werden, wobei interessanterweise in jedem Geschäftsfeld noch ganz verschiedene Wettbewerber anzutreffen sind. Die Handgeräte werden typischerweise von kleinen Maschinenbauern vermarktet, bei den Holzpaletten sind es Sägewerke und reine Paletten-Produzenten, um hier nur zwei Konkurrenzsituationen zu nennen. Bei alledem konzentrieren sich viele Wettbewerber nur auf ihr Spezialgebiet und sind daher sehr ernst zu nehmende Anbieter, auch wenn sie nicht größer sind als mein Klient.

Der betreffende Unternehmer war jedenfalls mehr als überrascht, als er diese Komplexität richtig realisierte, da er bis zu unserer gemeinsamen Arbeit stets davon ausgegangen war, ein weitgehend homogenes Geschäft zu betreiben. In seiner Sprache hieß das: Transporteinrichtungen aller Art. So weit so gut. So war das früher! Die schlechte Nachricht heute ist: Es kann nicht nur eine Strategie für das Unternehmen geben, also nur ein einziges 10-P-Konzept für Transporteinrichtungen. Wir mussten fünf Strategien entwickeln und das bei dem recht überschaubaren Umsatz!

Das Endergebnis der strategischen Arbeit war so aufschlussreich wie interessant: Das Unternehmen hat sich inzwischen von zwei Geschäftsfeldern komplett getrennt, weil die nachfolgenden Analysen erwiesen, dass die Ausgangslage auf diesen beiden Feldern im direkten Vergleich mit den relevanten Wettbewerbern substantiell zu schwach war, um langfristig und nachhaltig ein wirklich erfolgreiches Geschäftsfeld zu entwickeln. Dafür aber ist es durch die volle Konzentration auf die restlichen drei Geschäftsfelder in nur drei Jahren gelungen, in diesen Bereichen eine marktführende Position aufzubauen und die Umsatzausfälle durch die Aufgabe bzw. durch die Ausgliederung der zwei anderen Geschäftsfelder im Zuge des Aufstiegs rasch zu kompensieren, ja sogar mehr als das.

An sich gut geführte Firmen, die jedoch keine richtige Dynamik mehr erkennen lassen, und zwar weder im Umsatz noch (viel schlimmer) im Ertrag, gibt es zuhauf, wobei die Ursache für diese strukturelle Schwäche wirklich oft darin liegt, dass Unternehmer unverdrossen meinen, in einem homogenen Geschäft tätig zu sein, während Sie ihr Geschäft längst in verschiedene Felder zerlegen müssten, um für jedes einzelne Feld dezidierte Strategien zu entwickeln.

Die Folgen dieses Versäumnisses sind immer gleich. Man verzeichnet eine ungenügende Ergebnisdynamik, ungenügendes Wachstum und unkontrollierte Komplexität. Alle drei Minuspunkte treten auf, weil die nicht im Sinne strategischer Geschäftsfelder geführten Produkte und Leistungen dem Betrieb wie Mühlsteine am Hals hängen und die gewiss auch greifbaren Fortschritte an anderen Stellen schlicht wieder zunichte machen.

Zumal die Erfahrung mit vielen Familienunternehmen lehrt, dass in der Regel traditionell sehr viel mehr Geschäftsfelder betrieben werden, als dies den Geschäftsführenden Gesellschaftern zu Beginn eines systematischen Strategie-Prozesses klar ist. Solange es wirtschaftlich noch einigermaßen geht, interessiert diese Frage auch niemanden sonderlich. Doch wehe, wenn es die ersten Verluste gibt!

### Der zweite Schritt: Die strategische Positionierung der Geschäftsfelder

Dieser Ansatz legt den Grundstein dafür, ob Ihr Unternehmen in der Zukunft im jeweils betrachteten Einzelsegment wirklich erfolgreich sein wird oder nicht. Wie ich ausführlich in »Verdammt zur Spitzenleistung« dargelegt habe, gibt es definitiv nur zwei Wege, um nachhaltig überdurchschnittlichen Erfolg zu generieren: Entweder Sie sind in Ihrem Geschäftsfeld (Markt) Preisführer oder Sie sind Leistungsführer. Einen dritten Weg »in der Mitte« gibt es nicht! Ich gehe hier nicht mehr auf die Gründe für meine tiefe Überzeugung ein, sondern verweise Skeptiker auf das Buch.

Preisführer zu sein, heißt: Sie arbeiten mit Kostenstrukturen, die Ihr Wettbewerb derzeit nicht schlagen kann. Zum einen, weil Sie Ihre Geschäftsprozesse so durchrationalisiert haben, dass Sie Verschwendung jedweder Art so gut es geht eliminiert haben und weil Sie Größeneffekte nutzen können wie kein anderer und weil Sie einfach größere Volumina bewegen und vermarkten. Drittens, weil Sie ganz bewusst auf Dinge verzichten, die sonst in der Branche als üblich gelten, teure Werbung etwa, aufwendige Ladengestaltungen, die Zulassung von Sonderwünschen oder einen teuren, personalintensiven Vertrieb, um nur einige Kostenpunkte zu nennen.

Leistungsführer zu sein, heißt: Sie haben eine Marke, Dienstleistungen oder Produkte, die etwas Außergewöhnliches, etwas Begehrenswertes repräsentieren und die Ihnen so schnell auch keiner durch Klonen oder Kopieren nachmachen kann.

Wenn Sie also auf den von Ihnen im ersten Schritt identifizierten Geschäftsfeldern und in den für Ihr Unternehmen relevanten Märkten Preisführer oder Leistungsführer sind, dürfen Sie die Lektüre an dieser Stelle beenden. Sie können meine vier Schlüsselfragen offenbar eindeutig bejahen und müssen nicht weiterlesen. Dann ist für Sie ja eigentlich alles klar.

Wenn Sie aber Zweifel haben, ob Sie wirklich in dieser »Champions League« spielen, sollten Sie sich mit den nächsten Schritten intensiv befassen. Es geht um die Existenz Ihres Unternehmens! Lassen Sie mich dies bitte wieder anhand einiger alltäglicher Beispiele erläutern: Wo kaufen Sie oder Ihre Frau Ihre Brötchen? Bei wem gehen Sie zum Friseur? Welchen Installateur holen Sie, wenn der Wasserhahn tropft? Und wo kauft Ihre Familie Büromaterial und Bücher? Über diese banalen Dinge denken Sie wahrscheinlich schon lange nicht mehr bewusst nach, weil es sich um Gewohnheiten handelt, die sich irgendwie eingespielt haben.

Wenn ich samstags Brötchen kaufe, nehme ich fünf Minuten Fahrt in Kauf, obwohl es näher gelegene Bäcker gäbe, weil mein Lieferant noch nach alter Väter Sitte backt und nicht nur fertigen Teig in irgendeine Mikrowelle schiebt. Wir, meine Frau, meine Kinder und ich, bilden uns ein, dass wir das schmecken. Komisch ist, dass andere Verbraucher das offenbar auch finden, so dass wir uns oft artig in die Warteschlange stellen müssen und nochmal fünf Minuten warten, bis wir endlich drankommen. Die anderen Bäcker hätten keine Wartezeit und wären zu Fuß erreichbar! Was also macht dieser »Spitzenbäcker« anders – oder besser – richtig?

Der Gang zum Friseur gilt vielen Männern als leidiges Übel, zumal wenn man wenig Zeit hat, also schon gar nicht unter der Woche. Wenn sich die Lieben daheim angesichts des Schnitts dann auch noch lustig über einen machen, fragt man sich, ist das wirklich der Salon meines Vertrauens oder gibt es Alternativen? Die gibt es, wie ich feststellen konnte: In einem Hotel, nicht allzu weit von mir, werden einem auch sonntags die Haare in sehr gepflegter Umgebung so geschnitten, dass es keine Mäkeleien gibt. Und das auch noch so, dass ein Rhythmus alle zwei Monate reicht.

Anderes Thema: Wie oft waren Sie eigentlich zuletzt in Ihrer Buchhandlung, bis Sie endlich das von Ihnen bestellte Buch aus den USA in Händen hielten? Strafzettel für falsches Parken inklusive? Die Alternative mit dem Mausklick bietet da doch ganz erhebliche Servicevorteile, zumal dann, wenn weder Versand noch Verpackung berechnet werden.

Die Liste dieser Alltäglichkeiten ließe sich leicht verlängern. Sie zeigt nur eins: Wir Verbraucher sind verwöhnt und werden jeden Tag verwöhnter, also anspruchsvoller. Wer sein Angebot nicht an diesen Erwartungen orientiert, steht plötzlich allein in seiner Frisierstube oder in seiner Bäckerei!

Aber was war denn mit der Drogerie? Ja, sagt meine Frau, das sind doch alles Markenprodukte. Weshalb soll ich die denn dort oder in der Apotheke kaufen? Im Drogerie-Discount spare ich mindestens 15 %. Irgendwo muss man doch mit dem Sparen anfangen! Schade für den Drogisten, den es noch bis vor kurzem bei uns im Ort gab. Meine Frau war wohl nicht allein mit Ihrer Ansicht, dass der Mehrwert in Form des freundlichen »Guten Tag« als Wettbewerbsdifferenzierung nicht mehr reichte. Jetzt ist der Laden zu.

Warum erwähne ich diese trivialen Beispiele in einem Buch, das seine relevante Leserschaft sicher nicht bei Einzelhändlern sieht? Weil die Beispiele im Mikrokosmos sehr anschaulich machen, worum es im Hyperwettbewerb im großen Stil geht: Um gnadenlose Verdrängung! Wer kann die Kunden zu sich ziehen und an sich binden und wer geht hoffnungslos unter? Das ist keine Überlebensfrage nur für die großen Konzerne, die global agieren. Der Hyperwettbewerb findet auch bei uns um die Ecke statt, Tag für Tag. Niemand, aber auch wirklich niemand, kann sich ausnehmen.

Und darum geht es in diesem Kapitel: Positionierung heißt, eine Antwort auf die Frage zu finden, was will ich in meinem Markt tun, um Bestandskunden zu halten, laufend neue Kunden dazu zu gewinnen, sie an mich zu binden und damit mein Geschäft langfristig zu sichern? Das ist die alles entscheidende Frage.

Nehmen Sie sich Ihr erstes Geschäftsfeld vor: Mit welchem Angebot wollen Sie Ihre relevanten Kunden davon überzeugen, bei Ihnen zu kaufen und nicht bei der Konkurrenz? Wie gesagt: Es gibt nur zwei Möglichkeiten. Entweder Sie sind billiger als Ihre Wettbewerber oder Sie sind in wesentlichen Kaufaspekten besser als Ihre Wettbewerber und Sie haben es obendrein eventuell auch noch geschafft, eine Marke zu entwickeln, die zumindest suggeriert: Das ist was ganz Tolles! Das sollte man haben!

### Erste Möglichkeit: Wir sind Preisführer!

Es ist ein Phänomen der letzten 30 Jahre, dass sich in zahlreichen Branchen – zunächst still und leise, dann aber immer lauter – sehr aggressive Preisführer herausgebildet haben, die alle dasselbe Mentalitätsmuster haben: Wo in unserer Wertschöpfungskette – die absolut vergleichbar ist mit der Wertschöpfungskette aller anderen Anbieter in der Branche – können wir unsere Kosten durch einen radikalen Denkansatz so senken, dass Sie für die Konkurrenz nahezu uneinholbar niedrig sind?

Um ein mögliches Missverständnis zu vermeiden: Die Preisführer im hier verstandenen Sinne sind nicht Ihre »lieben« Wettbewerber, die Sie gerade eben wieder einmal geärgert haben, weil Sie Ihnen mit einer völlig unvernünftigen Kalkulation, bei der sie mit hoher Wahrscheinlichkeit nichts verdienen oder sogar Verluste machen, den Auftrag weggeschnappt haben. Firmen, die sich so verhalten, sind im besten Fall Überlebenskünstler oder Hasardeure, die entweder nicht kalkulieren können – so etwas soll es immer noch geben – oder einfach volle Auftragsbücher brauchen, um ihrer Bank wieder einmal zu zeigen, wie »erfolgreich« sie gerade sind.

Preisführer im Sinne dieses Buches sind Unternehmen, die trotz der Tatsache, dass sie die billigsten sind, eine sehr hohe, überdurchschnittliche Rentabilität aufweisen, weil es ihnen einfach gelang, ihre Wertschöpfungskette dank Kreativität und hoher strategischer Kompetenz neu zu strukturieren und so erhebliche Kostenvorteile zu generieren. Interessant ist, dass die meisten Preisführer auf der »grünen Wiese« aus dem Nichts entstanden und nicht aus etablierten Unternehmen hervorgegangen sind.

Wer aber sind diese Preisführer, die heute von sich Reden machen? ALDI und Lidl kennt im Einzelhandel jeder. Apollo-Optik spielt die Rolle im Brillengeschäft. Ryanair, EasyJet, WizzAir und Southwest Airlines sind die Fluglinien. IKEA regiert im Möbelbereich. Es gibt diverse Handelsmarken für Werkzeuge aller Art in den großen Baumarktketten, die aus Fernost importiert werden. Oettinger setzt im Biermarkt die Preise tief. Schlecker hatte dieses Image bis zur Pleite im Drogeriemarkt und seit 2008 auch im Apothekengeschäft. H & M macht es in der Mode, ebenso die Billiglabel der Warenhauskonzerne. Die Liste ließe sich fortsetzen (s. Abb. 5).

Nahezu jede Branche hat diese Hechte im Karpfenteich. Sie alle verbindet, dass sie sich die Wertschöpfungskette ihrer Branche sehr genau angesehen und daraufhin untersucht haben, wo und wie sich dank neuer Ideen und der Nutzung modernster Technologien, manchmal aber auch nur durch die Fertigung in Billiglohnländern, hohe Kostenvorteile erzielbar sind, die als hohe Preisabschläge an die Kunden weitergereicht werden.

Ein besonders schönes Beispiel liefern die Discount-Banken und die Discount-Versicherer. Beide Anbietergruppen konnten ihren Aufwand für den

## ANSATZPUNKTE FÜR KOSTENFÜHRERSCHAFT IM HANDEL FÜR TECHNISCHE PRODUKTE: ES LASSEN SICH 20 %-PUNKTE VOM UMSATZ AN EFFIZIENZPOTENZIALEN HEBEN

Abb. 5

Vertrieb sowie für ihre Transaktionen durch die intelligente Nutzung der Internet-Technologie dramatisch reduzieren. Lassen Sie uns den gedanklichen Ansatz am Beispiel der Billig-Airlines näher betrachten (s. Abb. 6).

Ryanair begann seinen Siegeszug mit Kosten von 4,5 Cent pro geflogenem Sitz und Meile statt mit Kosten von 12 Cent! Das ist mit einem klein wenig Sparen hier und dort nicht zu machen! Solche Vorteile sind nur durch radikales Denken zu realisieren! Wenn man das Ergebnis sieht, ist klar, dass diese Fluglinie aus dem Nichts entstanden sein muss. An welchen Schrauben da gedreht wurde, ist für etablierte Airlines wie Lufthansa oder KLM mit »eingespielter« Mannschaft unvorstellbar, ganz zu schweigen von den exorbitanten Restrukturierungskosten, die eine Hinwendung zum Preisführer nach sich ziehen würde. Ein so mühsam umgebauter künftiger Billiganbieter würde erst einmal mit einem strukturellen Nachteil starten. Eine denkbar ungünstige Voraussetzung im harten Verdrängungswettbewerb.

Dies schließt aber nicht aus, dass ein etabliertes Unternehmen durchaus unter einer separaten Marke und mit eigenständigem Geschäftsbetrieb etwas Neues aufbauen kann, bei dem die Preisführerschaft eindeutig im Vordergrund steht. Die Lufthansa beschreitet diesen Weg aus heutiger Sicht mit »Germanwings« relativ erfolgreich und dies könnte auch so bleiben, zumindest solange sich die Strukturen beider Unternehmen klar voneinander trennen lassen. Ob dies auf Dauer haltbar ist, wird sich noch zeigen. Doch ein etabliertes Unternehmen selbst zum Preisführer umbauen zu wollen, ist ein höchst gewagtes Unterfangen, von dem ich prinzipiell abrate.

Und genau darin liegt das Dilemma für die etablierten Unternehmen der verschiedensten Branchen, die heute heillos in der Mitte stehen: Sie werden von aggressiven Preisführern aus der Retorte so massiv angegriffen, dass sie angesichts fallender Umsätze und sinkender Erträge den Überblick verlieren und in operativer Hektik glauben, nun auch selbst ganz schnell so ähnlich agieren zu müssen, ohne sich über die alternativen Chancen in ihrem angestammten Geschäftsfeld bewusst zu sein.

## PREISFÜHRER WERDEN SIE NUR DURCH RADIKALEN UMBAU DER GESAMTEN WERTSCHÖPFUNGSKETTE: RYANAIR FLOG IM JAHR 2000 MIT KOSTEN VON 4,5 CT/GEFLOGENER MEILE UND SITZPLATZ STATT MIT 12 CT WIE GROSSE EUROPÄISCHE FLUGGESELLSCHAFTEN

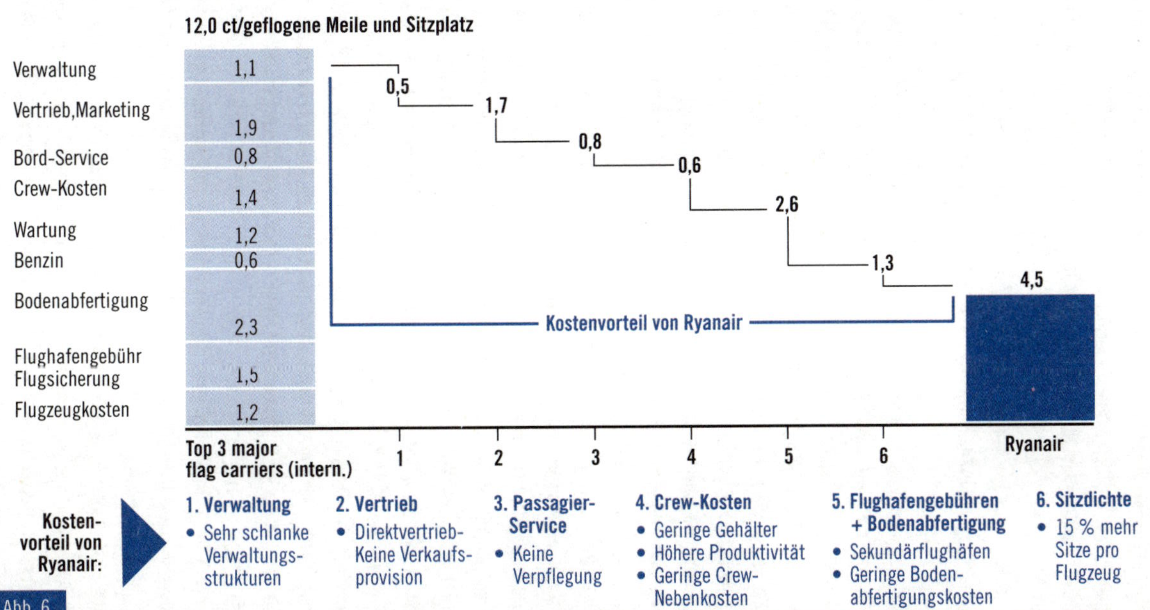


Abb. 6

Schauen Sie sich also Ihre Geschäftsfelder ganz genau an, insbesondere die gesamten Kostenstrukturen in Ihrer kompletten Wertschöpfungskette. Gibt es da größere Kostenblöcke, die Sie durch den Einsatz einer neuen Technologie oder durch komplettes »Weglassen« so beeinflussen können, dass Sie im Vergleich zu Ihren Wettbewerbern einen nachhaltigen komparativen Kostenvorteil erzielen könnten? (s. Abb. 7).

Nehmen wir noch einmal die Molkerei: Über 70 % des Umsatzes werden bei Joghurts für Milch, Energie, Früchte und Verpackungsmaterialien eingesetzt. Die Produktionstechnologien sind weitgehend Industriestandard, also auch die Abschreibungen, die Taktzeiten, die Materialmehrverbräuche usw. Die Energiekosten sind für alle Molkereien nahezu identisch. Unterschiede bestehen lediglich darin, wie groß die Marketing-Abteilung ist, welchen Aufwand das Unternehmen für Forschung und Entwicklung betreibt und wie kostenlastig der Vertrieb aufgestellt ist.

Aber das alles zusammen ergibt gerade einmal 3 bis 5 % vom Umsatz als Manövriermasse, um sich kostenbezogen vom Wettbewerb differenzieren zu können. Viel zu wenig für ein etabliertes Unternehmen, um den Krieg im Markt über eine Positionierung als Preisführer gewinnen zu können, weil der Preisabstand, den die Molkerei ihren Kunden bieten kann, viel zu klein ist, um sie scharenweise zum Markenwechsel bewegen zu können. Ein Hebel könnte sein, auf Werbung komplett zu verzichten, da diesbezüglich schon einmal weitere 10 % vom Umsatz aufgewandt werden. Aber wer nimmt denn das Risiko auf sich, ob maximal 15 % Preisabstand zum Wettbewerb reichen, um Kunden zum Markenwechsel zu bewegen, zumal, wenn sie den neuen Preisabstand mangels Werbung vielleicht gar nicht registrieren? Das Risiko ist groß, dass die Umsätze wegbrechen und dass das Unternehmen vor einem Scherbenhaufen steht.

Ganz anders sähe die Situation aus, wenn es einer Molkerei gelänge, Milch, sagen wir aus Vorderasien, in Form von Milchpulver, gegebenenfalls vielleicht sogar aus eigener Produktion, zu einem Bruchteil der Preise in Europa einführen zu können und daraus Joghurt herzustellen. Mit

## POSITIONIERUNG: STRATEGISCHE FESTLEGUNGEN IN VIER SCHRITTEN

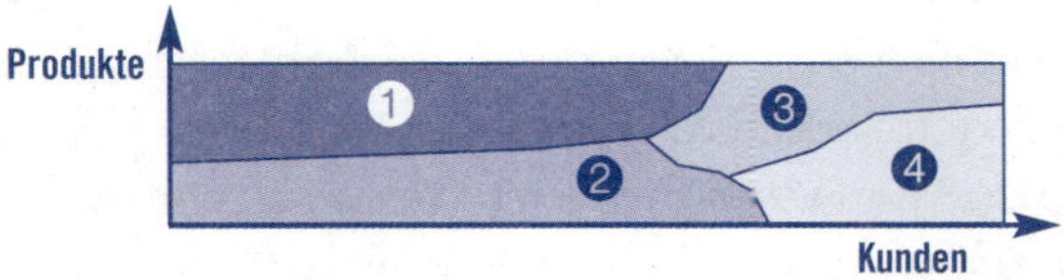


1. In welchen Geschäftsfeldern bewegen wir uns überhaupt und wie groß bzw. wie profitabel sind diese?

---

- **Aufgabe**
- **Fortführung**
- **Forcierung/Ausbau**

2. Welche strategische Option wollen wir mit den einzelnen Geschäftsfeldern verfolgen?

---

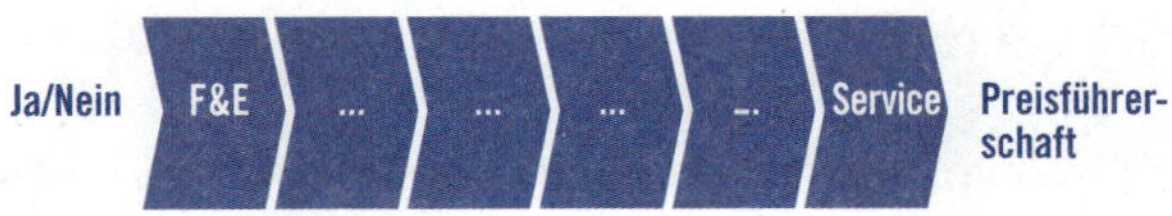


3. Sehen wir Chancen in den Geschäftsfeldern, die fortgeführt werden sollen, über die gesamte Wertschöpfungskette hinweg strategische Kostenvorteile erzielen zu können?

   Wenn ja: Analyse der Kostenpotenziale und konsequente Umsetzung der Preisführerstrategie.

---

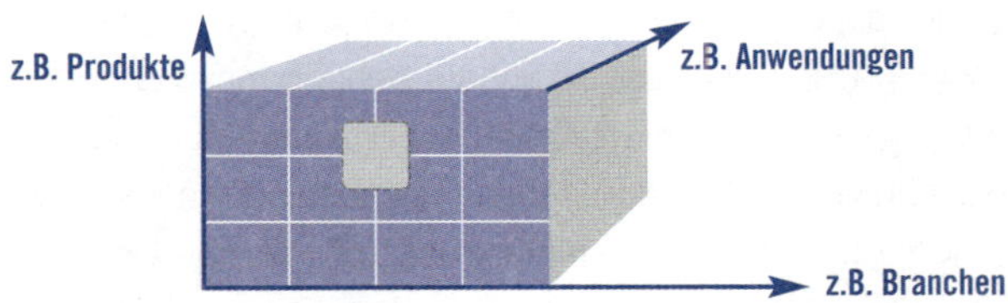


4. Wenn nein: In welchem strategischen Marktsegment sehen wir Chancen, das Leistungsangebot so zu verbessern, dass wir die Kundenbedürfnisse in diesem Segment sehr viel besser befriedigen können als alle Wettbewerber?
   = Leistungsführer-Strategie

Abb. 7

diesem Kunstgriff wären zusammen mit den beschriebenen betriebswirtschaftlichen Maßnahmen auf einen Schlag nicht bloß läppische 10 oder 15 %, sondern 40 bis 50 % Preisabstand machbar!

Das ist eine Größenordnung, die sofort in jedes Auge springt und preisbewusste Kunden sicher dazu brächte, das neue Produkt mindestens zu testen. Allerdings verhindern die derzeitigen Einfuhrbestimmungen für Milchprodukte in die EU diese Strategie zum Schutz unserer heimischen Bauern. Sobald diese Beschränkungen aber entfallen, werden Sie sehen, dass es auch bei klassischen Milchprodukten wie Joghurt einen Preisführer geben wird, der seine Ware zu unvorstellbar guten Konditionen anbieten kann, weil er die Wertschöpfungskette radikal reformiert hat.

Damit sind wir an einem kritischen Punkt der Preisführerstrategie: Die Neigung der Gesetzgeber nimmt bedauerlicherweise massiv zu, solchen Ansätzen den Boden zu entziehen. Prominenter Fall aus dem Jahr 2008: die PIN-Group, ein Unternehmen (aus der Retorte) mit einer klaren Preisführerstrategie für den Brief- und Postversand wurde in ihrem Wettbewerb gegen den etablierten Monopolisten »Deutsche Post« durch die Einführung eines Mindestlohns hart gestoppt.

Klar, wenn die einstweilen gescheiterte Zustellgemeinschaft ihren Mitarbeitern sechs oder sieben Euro pro Stunde gezahlt hätte, während die Deutsche Post etwa bei den doppelten Stundensätzen geblieben wäre, hätte dieser Kostenvorteil bei einem personalkostenintensiven Geschäft ganz sicher gereicht, um der Post über die Preise vor allem Großkunden abzujagen und sich erfolgreich im Markt zu etablieren. Kein Wunder, dass sich der einzig verbliebene ernsthafte Post-Konkurrent, die holländische TNT-Gruppe, ebenfalls überlegt, in Deutschland aus dem Briefgeschäft auszusteigen und Mindestlöhne als Begründung für den Rückzug nennt.

Diese um sich greifenden Mindestlöhne, die zunehmenden Umweltvorschriften, nicht zuletzt in den Niedriglohnländern, die steigenden Frachtkosten und die hohen Rohstoffpreise machen den Preisführern derzeit zu schaffen. Mehr jedenfalls als den übrigen Unternehmen, die ihre Option auf eine Preisführerstrategie durchaus bewahren, vor allen Dingen, wenn sie technologiegetrieben sind.

Schauen Sie sich also Ihre Wertschöpfungskette und die einzelnen Kostenpositionen ganz genau an und werden Sie kreativ. Lassen Sie Ihren Ideen freien Lauf. Fragen Sie sich vorbehaltlos: Wo ließe sich bei uns welcher Kostenblock komplett eliminieren? Wo könnten wir einen Kostenblock deutlich reduzieren? Der zentrale Punkt aber ist: Reichen diese Optimierungen wirklich aus, um den Marktauftritt neu zu definieren und künftig einen ertragreichen Verdrängungswettbewerb zu betreiben?

Glauben Sie mir, eines steht fest: Nur durch ganz normale Kostensenkungsprogramme, wie sie in tausenden von Unternehmen jedes Jahr mit und ohne Unterstützung von Beratern stattfinden, können Sie kein Preisführer werden! Keine Chance! Analysieren Sie die Wertschöpfungsketten der Preisführer in Ihren Geschäftsfeldern gründlich, bevor Sie hektisch reagieren und fälschlich meinen, Ihr Unternehmen mit einem konventionellen Kostensenkungsprogramm in die Zukunft retten zu können.

Wenn Sie heute auf einem Ihrer Geschäftsfelder von einem ernst zu nehmenden, kapitalstarken Preisführer angegriffen werden, müssen Sie handeln und zwar natürlich sofort auf der Kostenseite, aber nur, um taktisch Zeit zu gewinnen, nicht aber, um den Wettstreit final für sich zu entscheiden. Dazu ist es dann wahrscheinlich schon zu spät. Nachhaltig handeln müssen Sie strategisch. Und da gibt es ja Gott sei Dank bewährte Möglichkeiten, um Unternehmen langfristig ertragreich auszurichten!

Wenn ich hier sage, dass man den Preiskrieg nicht mit einfachen Kostensenkungsprogrammen gewinnt, heißt das nicht, dass Sie nicht effizient sein sollen. Dort, wo Speck sitzt, muss er weg! Das ist doch klar! Ineffizienz und Verschwendung gehören stets abgestellt. Aber solche Anpassungen sind taktischer/operativer Natur und haben nichts mit der strategischen Ausrichtung auf Preisführerschaft zu tun. Das ist zu differenzieren.

**Zweite Möglichkeit: Wir werden das Kind schon schaukeln...**

Ich kann mir sehr gut vorstellen, was im Kopf eines Unternehmers vorgeht, der nach Jahren erfolgreicher Tätigkeit auf einmal feststellen muss, dass es einen neuen Wettbewerber gibt, der ihn erbarmungslos an der Preisfront angreift, so dass er jeden Morgen in der Tageszeitung nachlesen kann, um wie viel er heute wieder zu teuer ist. Denken Sie an die vielen Elektrogeschäfte, die es einmal gab, bevor Saturn und MediaMarkt die Bühne betraten, denken Sie an die Möbelhändler vor IKEA und XXL Lutz, denken Sie an die Lebensmittel-Einzelhändler im Überlebenskampf mit Lidl und Co. Was sollen diese Anbieter tun, um sich gegen die massiven Angriffe über das Portemonnaie zur Wehr zu setzen? Oder nehmen Sie den Maschinenbauer aus Württemberg, der auf einmal auf einer Messe irgendwo in Europa mit Maschinen aus Taiwan konfrontiert wird, die 40 oder 50 % billiger sind als seine eigenen, und die zu allem Überfluss auch funktionieren? Oder nehmen Sie den Fruchtjoghurt, den es für 19 Cent als Markenware im Kühlregal gibt, daneben den Marktführer für 39 Cent! Was sollen wir denn da bloß machen? Die ewig selbe Frage.

Was ich hier beschreibe, bricht ja nicht von einem Tag auf den anderen über Unternehmen herein wie ein Gewitter aus heiteren Himmel. Eine solche Entwicklung zeichnet sich über Jahre hinweg ab. Dieser Zeitverlauf würde es gestatten, mit der richtigen Methodik und mit der nötigen Konsequenz auf die Entwicklung zu reagieren. Statt dessen aber habe ich in fast allen mir bekannten Fällen festgestellt, dass die Erkenntnis, dass sich Preiserhöhungen angesichts harter Angriffe der Preisführer nicht mehr am Markt durchsetzen lassen, tatsächlich oft früh greift. Allerdings wird dann unentschlossen versucht, dem Preisführer hier und da mit Sonderangeboten Paroli zu bieten. Das mag sogar auch eine Weile gelingen. Da aber das Ergebnis erodiert, ist das keine langfristige, strategische Lösung!

Denn anders als der Preisführer (aus der Retorte) arbeiten Sie ja noch weitgehend mit Ihren alten Kostenstrukturen. Also muss an den Kosten gearbeitet werden. Diese Aktionen finden turnusmäßig alle zwei bis drei Jahre statt, müssen jedoch in immer kürzeren Abständen wiederholt werden, um wieder etwas Luft zu haben, bevor auch diese kleinen Spielräume im Zuge neuer Preis- und Rabattrunden bzw. durch unvermeidbare Kostensteigerungen, etwa durch Tariferhöhungen oder durch die Verteuerung von Energie, wieder aufgezehrt sind. Am Anfang wird ja auf der Kostenseite durch die Eliminierung von Verschwendung und den Abbau von »kleinem Luxus« auch wirklich noch »Speck« abgebaut. Ab der zweiten oder dritten Runde geht es dann aber in der Regel um echten Leistungsverzicht, der den Kunden früher oder später nicht mehr verborgen bleibt.

Der Einzelhandel verkürzt die Öffnungszeiten zur Senkung seiner Personalkosten, obwohl das Publikum genau das Gegenteil erwartet. Konkret bleibt eine Kasse weniger besetzt, obwohl die Kundschaft nichts mehr stört als lange Wartezeiten. Oder der Servicemechaniker wird gestrichen. In der Industrie wird »Value Engineering« betrieben, was im Extremfall so weit geht, bis das Gerät, die Maschine oder was auch immer gerade mal die Garantiezeit überlebt und danach irreparabel ersetzt werden muss.

Damit ist der Moment des unumkehrbaren Niedergangs erreicht, weil der Kunde bzw. der Verbraucher spürt: Obwohl ich gegenüber einem Kauf bei Preisführern immer noch deutlich höhere Preise akzeptiere, erhalte ich hier eine schlechtere Leistung als bei diesen Anbietern. Solche Kunden sind für immer verloren, und sie halten mit ihrer Enttäuschung auch nicht hinter dem Berg. Daraufhin sinken Umsätze und Margen, so dass es nur eine Frage der Zeit ist, wann das Spiel zwangsweise beendet sein wird.

Sich so halbherzig zu verhalten, ist keine Lösung. Das sollte Ihnen klar geworden sein! Trotzdem findet Halbherzigkeit oft statt! Das lässt für die Zukunft vieler sich heute noch über Wasser haltender Firmen in der »Todeszone Mittelmaß« kaum Gutes erhoffen. Was aber ist zu tun? Falsch läuft, dass der angegriffene Unternehmer kurzfristige taktische Mittel wählt, obwohl er es mit Wettbewerbern zu tun hat, die ihre Ziele ausgesprochen strategisch betreiben. Die Gegenwehr braucht also ebenfalls einen strategischen Ansatz. Wie der aussieht, sage ich Ihnen jetzt.

### Dritte Möglichkeit: Leistungsführerschaft in Marktsegmenten

Leistungsführerschaft ist die einzige Alternative, die sich jederzeit von einem etablierten Unternehmen betreiben lässt, um aggressive Angriffe von Preisführern dauerhaft abzuwehren. Obwohl auch hier meist radikales Umdenken erforderlich ist, kann diese Strategie von jedem Unternehmen – egal wie alt und wie komplex – angegangen und umgesetzt werden. Hier geht es nicht wie bei den Preisführern um strukturelle Vorteile, sondern in erster Linie um einen Ideen-, Kreativitäts- und Kompetenzwettbewerb, verbunden mit einem exzellenten Markt- und Kundenverständnis.

Was aber heißt Leistungsführerschaft strategisch eigentlich genau? Der Leistungsführer differenziert sich dadurch von seinen Hauptwettbewerbern, dass er seiner Kundschaft eine Leistung bietet, die auf deren Bedürfnisse besser zugeschnitten ist, als alles, was sie sonst im Markt bekommen kann. Der entscheidende Punkt ist: ...auf deren Bedürfnisse zugeschnitten! Sie kennen Ihre Kunden! Deren Erwartungen und deren Ansprüche sind ja sicher ohnehin schon sehr differenziert und dennoch scheint es so zu sein, als ob sie jeden Tag noch etwas differenzierter werden. Soll hier also etwas als Lösung geboten werden, was in der Praxis sofort zu scheitern droht, weil die Kunden so verschieden sind, dass man es ihnen sowieso nie recht machen kann?

Dieser Eindruck könnte in der Tat zunächst entstehen. Vielleicht ist das auch der Grund, weshalb viel zu wenige Unternehmer überhaupt auf die Idee kommen, mit einer Strategie der Leistungsführerschaft zu beginnen: Meine Kunden sind so individuell und sie haben so verschiedene Vorstellungen von dem, was sie wollen, dass ich ihnen so oder so eigentlich gar nicht wirklich gerecht werden kann. Diese oder ähnliche Aussagen habe ich in fast allen Workshops in den letzten Jahren immer wieder gehört.

Und die Aussage ist vollkommen richtig! Weil der betroffene Unternehmer natürlich sofort daran denkt, Leistungsführer für alle seine Kunden werden zu müssen! Er will es allen und jedem recht machen. Doch genau das geht eben nicht! Der Irrtum, Leistungsführer für alle seine Kunden werden zu wollen, ist genau so fatal wie der Irrtum, durch taktische Maßnahmen auf der Kostenseite gegen Preisführer antreten zu können. Beide Irrtümer haben schon viele Existenzen gekostet.

Was denn dann jetzt, fragen Sie? Aber Sie ahnen es ja schon: Als potenzieller oder als schon etablierter Leistungsführer muss ich den Markt meiner Kundschaft strategisch segmentieren. Das bedeutet, dass ich meine Kunden in mehrere Kategorien einteilen muss. Die richtige Segmentierung ist nicht immer ganz einfach, aber von ganz entscheidender Bedeutung dafür, ob Sie mit Ihrer Strategie der Leistungsführerschaft langfristig Erfolg haben werden oder nicht.

Ein einfaches Beispiel: Herr Mustermann betreibt eine Bau- und Möbelschreinerei mit 15 Mitarbeitern in einer Kleinstadt im Herzen Deutschlands. Seine Umsätze gehen seit fast zehn Jahren kontinuierlich zurück. Der Gewinn sinkt deutlich. Er merkt, dass es in seiner näheren Umgebung zwei namhafte Preisführer im Möbelhandel gibt, die sich gegenseitig mit Angeboten und Preisaktionen unterbieten. Er merkt auch, dass sich viele Bauherren neuerdings für Fertighäuser statt für konventionell errichtete Gebäude entscheiden. Sofern es noch zu Ausschreibungen kommt, muss er immer schärfer kalkulieren. Die Margen schrumpfen dramatisch. Die Kollegen, die alle dasselbe Problem haben wie er, nämlich Überkapazitäten, unterbieten sich ebenfalls, wo es nur geht. Ein ruinöses Rennen. Mustermann macht daraufhin mit seiner Kernmannschaft einen Strategieworkshop, um zu ermitteln, wie sie diesen Stress beenden können.

Zuerst müssen sie feststellen, dass sie eigentlich auf zwei Geschäftsfeldern tätig sind: Im Holzbau bzw. in der Zimmerei sowie in der Möbelherstellung bzw. im Innenausbau. Da es bei einem Betrieb dieser Größenordnung kein Controlling mit Sparten-Ergebnisrechnung gibt, haben sie ihre Umsätze grob geschätzt und festgestellt, dass der Holzbau nur noch 20 % des Gesamtumsatzes macht. Um herauszufinden, wie sich die Gewinnverhältnisse verteilen, haben sie die fünf größten Aufträge des letzten Jahres herausgegriffen und nachkalkuliert. Dabei kam heraus, dass bei allen fünf vermeintlich wichtigen Jobs ein dickes Minus zu Buche schlug. Diese Erkenntnis stellte sich dann leider auch bei fünf weiteren Aufträgen ein, die mit demselben deprimierenden Ergebnis nachkalkuliert wurden.

Die anschließende Analyse ergab, dass der Einmalaufwand für die Auftragsbearbeitung extrem hoch war, da jeder Auftrag sehr individuelle Anforderungen hatte. Nahezu nichts konnte aus einem Vorgang in einen anderen übernommen werden. Alles, was sich darstellte, war reine Einzelanfertigung. Und dieser Rüstaufwand auf allen Ebenen war in den Preisen einfach nicht unterzubringen. Gleichwohl scheint es Betriebe zu geben, die mit solchen Bedingungen besser umgehen als Mustermann.

Die vergleichende Analyse der Möbelaufträge ergab folgendes interessante Bild: An den 20 % Reparaturaufträgen wurde genauso wenig verdient wie im Holzbau: Mustermann hat bei ehrlicher Kalkulation Geld verbrannt. Profitabel waren hingegen die Kompletteinrichtungen von Hotelzimmern, wenn die Losgröße zwischen 25 und 40 Zimmern lag. Dieses Geschäft macht 50 % des Möbelumsatzes aus. Weitere 20 % entfielen auf Einbauten und Individualmöbel für die Privatkundschaft, an denen weder Geld verdient noch verloren wurde und die letzten 10 % verdankten sich Ladeneinrichtungen und Praxiseinbauten für Ärzte. Eine Sache, die ähnlich profitabel war wie die Hotelzimmer-Einrichtungen.

Merken Sie etwas? Was hat Mustermann im Strategie-Workshop gemacht? Ja, er hat angefangen, sein Geschäft in Geschäftsfelder zu zerlegen und in jedem Geschäftsfeld Marktsegmente zu identifizieren. Hotelzimmer-Einrichtungen sind ein völlig eigenständiges Geschäft, das mit der Renovierung von Möbeln für die Privatkundschaft überhaupt nichts zu tun hat, außer dass es eben Schreinerarbeiten sind, bei denen die Späne fliegen! Am ehesten noch verwandt mit den Praxiseinbauten für Ärzte.

Mustermann wurde allmählich klar, in welchen Marktsegmenten er sich heute wirklich tummelt. Daraus ging für ihn wiederum hervor, dass es undenkbar wäre, in allen diesen Segmenten bzw. auf beiden Geschäftsfeldern Leistungsführer zu werden! Preislich gegen IKEA und Konsorten im Möbelbereich anzutreten, musste gar nicht erst diskutiert werden. Das war die Erkenntnis nach zwei Tagen intensiver Arbeit. Mustermann wusste, dass er das Geschäft so, wie er es heute betreibt, künftig definitiv nicht wird fortsetzen können.

Jetzt waren für den nächsten Schritt Prioritäten zu setzen: Mit welchem Segment wollen wir die Detailanalyse beginnen? Die Entscheidung war einfach: Wir starten mit dem profitablen und zugleich größten Einzelsegment, mit den Einrichtungen der Hotelzimmer.

Wie groß ist denn dieser Markt überhaupt, wenn wir den Aktionsradius von Mustermann mal auf maximal 100 km rund um seine Werkstatt ziehen? Mit welchen Wettbewerbern hat er ständig zu tun? Wie kommen die Ausschreibungsunterlagen überhaupt zu ihm ins Büro? Wer sind die Entscheider auf der Kundenseite, wenn der Auftrag vergeben wird? Fragen über Fragen, die einem in den Kopf kommen, jetzt, da man die Zielkunden, also sein Zielsegment, vor Augen hat und konkret greifen kann.

Mustermann sammelt einige Wochen lang jede Menge Daten und verdichtet sie zu Informationen. Er findet heraus, dass er heute in seinem Gebiet rund 100 km um seine Werkstatt herum in etwa einen Marktanteil von 6 % hat und überwiegend gegen Betriebe antritt, die ähnlich strukturiert sind wie seiner. Er lernt außerdem jede Menge über die Entscheidungskriterien seiner Hotel-Kunden, worauf diese besonderen Wert legen, indem er zehn von ihnen intensiv befragt und zusätzlich noch zehn Kunden, die ihm zuletzt einen Auftrag nicht gegeben haben. Ja, Sie haben richtig gelesen: Er und zwei seiner Führungskräfte haben tatsächlich persönlich Interviews durchgeführt und sie gemeinsam ausgewertet.

Am Ende weiß Mustermann, worauf es in diesem Marktsegment wirklich ankommt: Die Hotelbranche ist ein sehr saisonales Geschäft. Zwischen den Spitzenbelastungszeiten (Ferien, Messen, Tagungen etc.) gibt es immer wieder kleine Zeitfenster, in denen Renovierungen durchgeführt werden können. In diesen kurzen Intervallen – oft nur ein oder zwei Wochen – müssen dann bis zu 30 oder 40 Zimmer komplett renoviert und neu möbliert werden. Jeder Tag Verzögerung trägt nicht nur jede Menge Ärger, sondern auch hohe Schadensersatzansprüche ein.

Im Übrigen will der Hotelbesitzer eine verlässliche Kalkulationsgrundlage. Überraschungen bei der Endabrechnung kann er nicht brauchen. Außerdem muss die Qualität der gelieferten Möbel stimmen. Sie sollen robust sein, zuverlässig funktionieren und eine lange Lebensdauer haben.

Insofern wurde für Mustermann und sein Team nun Vieles klar: Das erste von ihm untersuchte Marktsegment ist groß genug, um ein erfolgreiches Geschäft entwickeln zu können. Seine Vision lautet konsequenterweise, den Marktanteil im definierten Gebiet von derzeit 6 auf 20 % zu erhöhen. Damit er das schafft, muss er sich aber voll auf dieses Marksegment konzentrieren und ganz dicht am Ball bleiben, sonst bleibt seine Vision eine Wunschvorstellung, die nie Realität werden wird.

Keine Ausschreibung also mehr in diesem Gebiet, die an ihm vorbeigeht. Allein das schon zu bewirken, kostet viel Aufwand und Energie. Deshalb wird sich Mustermann von irgendetwas trennen müssen. Nach dem der Holzbau, wie wir gesehen haben, nur 20 % des Geschäfts ausmacht und obendrein unprofitabel ist, liegt es nahe, dieses Geschäftsfeld aufzugeben. Von der Ausbildung der Mannschaft über den Maschinenpark bis hin zu den verschiedenen Ansprechpartnern auf der Kundenseite hat der Holzbau bei näherer Betrachtung mit den »Hotelzimmer-Einrichtungen« gar nichts zu tun, außer dem Umstand, dass eben sowohl als auch Holz verarbeitet wird, wenngleich auch dies in beiden Geschäftsfeldern von ganz verschiedener Beschaffenheit ist.

Damit stand Mustermann vor der ersten wirklich strategischen Entscheidung seines Lebens. Volle Konzentration auf das Hotel-Projektgeschäft, so, wie es jetzt neu zukunftsorientiert definiert wurde und Aufgabe des gesamten Geschäftsfelds »Holzbau«, und zwar mit allen Konsequenzen. Das Hotel-Projektgeschäft wird zur Kernkompetenz von Mustermann entwickelt, mit allem, was dazugehört. Eine wirklich harte Entscheidung. Wer gibt denn schon in seinem Unternehmerleben gern etwas auf? Aber bei dieser Ausgangslage nur richtig, ja sogar überlebensnotwendig.

Die fünf Mitarbeiter aus dem Holzbau mussten entlassen werden und der Maschinenpark wurde verkauft. Eine kleine Restrukturierung wie wir sie von Konzernen aus der Tagespresse kennen: Konzentration hier, Abbau dort, Ausbau des Geschäfts an anderer Stelle Nur die Größenordnungen variieren halt von Fall zu Fall.

Entscheidungen im Leben eines selbständigen Unternehmers nenne ich auch dann »strategisch«, wenn er die Entscheidung trifft, künftig etwas ganz bewusst nicht mehr zu tun! Das ist mir ein ganz wichtiger Punkt!

Es ist schließlich sehr viel leichter und gehört zur Tagesroutine, zu sagen: Und jetzt machen wir das noch und jenes auch. Doch einmal zu sagen, wir geben dieses oder jenes Geschäftsfeld auf, wir bedienen ab sofort diese oder jene Kundengruppe nicht mehr, das sind Entscheidungen, die leider viel zu selten getroffen werden, weil sie meist Unwohlsein bereiten.

Zum Wohle des Ganzen und zur Stärkung der Wettbewerbsfähigkeit eines Kerngeschäftes sind solche Entscheidungen jedoch von Zeit zu Zeit immer wieder dringend geboten. Am Holzbau festzuhalten, hätte bedeutet, dass auch für dieses Geschäftsfeld eine eigenständige Positionierung finden zu müssen, mit der Perspektive, das Geschäftsfeld nicht nur zum Wachsen zu bringen, sondern natürlich auch profitabel zu machen.

Wenn Sie sich aber vor Augen führen, welche Ressourcen ein solcher Betrieb hat, ist es völlig utopisch, dass »just in time« gleich für mehrere Geschäftsfelder klare strategische Ausrichtungen entwickelt und diese danach auch konsequent umgesetzt werden. Die Analyse des Geschäftsfelds »Hotel-Projekte« hatte das Team schon überaus strapaziert.

Ich habe das Beispiel der Firma Mustermann ganz bewusst gewählt, weil es anschaulich zeigt, mit welchen Problemen wir heute in der Unternehmensführung konfrontiert sind und zwar auf eine Weise, die jeder sofort versteht. Die strategischen Problemstellungen sind in einem 15-Mann-Betrieb dieselben wie in einem Unternehmen mit 5.000 Mitarbeitern.

Vor diesem Hintergrund geht es mir in erster Linie darum, Überlegungen und Vorgehensweisen so einfach und so schlüssig wie möglich darzustellen. Komplex wird das Ganze im speziellen Einzelfall ohnehin noch genug! Um so mehr möchte ich, dass jeder, der sich mit der Zukunft seines Unternehmens selbst auseinandersetzen will, die Chance hat zu erkennen, wie er vorgehen muss und welcher rote Faden ihn dabei zu leiten hat.

Um Ihnen zu zeigen, wie Strategie-Arbeit an einem komplexen Beispiel funktioniert, gehen wir zurück zu unserer Molkerei, die wir ab jetzt Lactosius AG nennen. Die Lactosius AG ist im Bereich der »Frische-Produkte« ein großer Player und verfügt bei Joghurts, milchbasierten Drinks und bei ebensolchen Desserts jeweils über Marktanteile im zweistelligen Bereich.

Da der Eigentümer seit Jahren nach der Devise handelt, »wir werden das Kind schon schaukeln«, verwundert nicht, dass die Umsätze stagnieren, dass die Marktanteile abnehmen und dass der Gewinn unter Druck gerät. Bei allen vier Schlüsselfragen aus »Verdammt zur Spitzenleistung« leider viermal »Nein«! Trotzdem ist das Unternehmen kein Sanierungsfall. Es droht nur einer zu werden, wenn nichts Prinzipielles passiert! Was also tun?

Unschwer zu erraten: die Lactosius AG wird ihre Positionierung im Markt für Frischeprodukte überprüfen und ändern müssen! Sie wird die simple Frage zu beantworten haben: Wer soll wann und vor allem warum ausgerechnet die Joghurts der Lactosius AG kaufen und konsumieren und nicht die ihrer vielen Wettbewerber, einschließlich der Handelsmarken?

Dass eine Positionierung als Preisführer ausscheidet, haben wir angesichts der etablierten Kostenstrukturen bereits gesehen. Gleichwohl wird

Lactosius speziell von den Handelsmarken aggressiv bedrängt. Deren Marktanteil liegt heute bereits bei 40 %, Tendenz weiter steigend. Die noch viel größere Herausforderung aber besteht im Frontalangriff eines Wettbewerbers, der gerade dabei ist, den gesamten Joghurtmarkt neu zu definieren. Für ihn ist Joghurt nicht mehr nur ein einfaches Nahrungsmittel für den kleinen Hunger mit mehr oder weniger überzeugendem Geschmack. Nein, der Wettbewerber hat sich entschieden, die Frage »Warum gerade meinen Joghurt?« mit einem völlig neuen Inhalt zu füllen: Mit funktionalem Zusatznutzen!

»Warum«? heißt bei seinen Produkten fortan: Weil der Joghurt nicht nur toll schmeckt, sondern außerdem auch noch die Darmflora aufbaut und damit eine ganze Menge tut, Dein Wohlbefinden, lieber Konsument, zu steigern, Blähungen zu vermeiden und die Abwehrkräfte zu stärken. Dieser innovativ denkende Wettbewerber macht vor, was es heißt, aus der Todeszone Mittelmaß auszuscheren, den Markt durch clevere Segmentierung selbst zu gestalten und sich als Leistungsführer zu profilieren.

Natürlich haben unsere Freunde von der Lactosius AG diese Entwicklung schon seit einiger Zeit verfolgt, aber statt sich vor dem Hintergrund der Herausforderungen intensiv mit dem Verbraucher zu befassen, und nach einer eigenständigen Positionierung in diesem Markt zu suchen, war man mit sich selbst und eigenen Führungsquerelen vollauf beschäftigt. Jetzt, wo es zwei Minuten vor zwölf ist, will man die Sache nun aber doch anpacken und sich der Strategie der Leistungsführerschaft zuwenden. Und die beginnt, wie wir sehen, nun mal mit der Segmentierung.

Wie aber lässt sich ein riesiger Markt segmentieren, der vom Kleinkind mit drei Jahren bis zum 100-Jährigen reicht? Ein Markt, der alles andere als homogen ist, weil die genannten Käufergruppen morgens andere Essbedürfnisse und Essgewohnheiten haben als mittags oder abends? In einem solchen Markt wird die Segmentierung anders als im Mustermann-Beispiel, bei dem die Segmentierung auf der Hand lag, zur echten Herausforderung. Ein erster Ansatz könnte jedoch so aussehen (s. Abb. 8).

## INTEGRATION DER KONSUMENTEN- UND PRODUKTPERSPEKTIVE

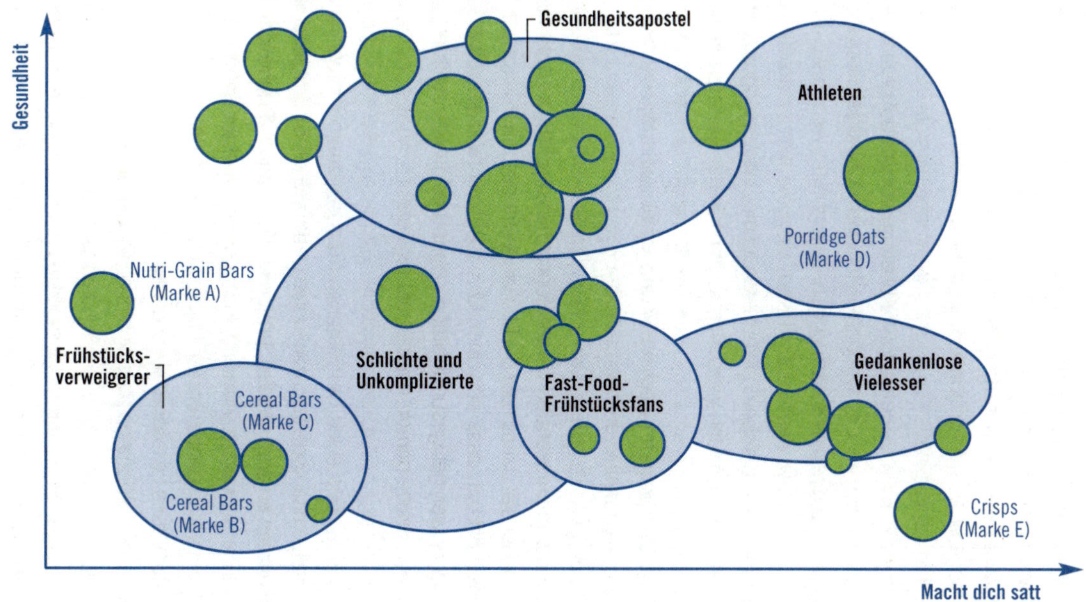


Abb. 8

Es geht darum, das Universum des Konsumenten beherrschbar zu machen, indem man es nach »Need-Clustern« strukturiert. Dabei handelt es sich um Käufergruppen, die in Bezug auf die untersuchte Produktgruppe – hier Joghurts – weitgehend homogene Grundbedürfnisse haben, die also einen homogenen »Mindset« bilden.

Dabei ist es schon eine ziemliche Kunst, bei mehr als 1.000 ausgewählten Verbrauchern mit strukturierten Interviews herauszufinden, welche Bedürfnisstrukturen sie haben und die gewichteten Auskünfte dann auch noch so zu ordnen, dass am Ende drei, vier oder acht weitgehend homogene »Cluster« entstehen, die zuverlässig als Zielkundengruppe bzw. als Segmente beschrieben werden können.

Die Untersuchung des Joghurt-Markts ergab jedenfalls sechs Segmente, die klar zu definieren sind (s. Abb. 9).

Besonders interessant an dieser Segmentierung ist, dass es der Wettbewerb, der seit Jahren auf die Funktionalität des Joghurts setzt, immerhin geschafft hat, dass sich über 60 % aller Verbraucher bereits in einem mehr oder weniger gesundheitsorientierten Segment befinden. Vor fünf Jahren waren es gerade einmal halb so viele!

Doch diese vorläufige Form der Segmentierung reicht leider noch nicht aus, um bereits konkrete Ableitungen vorzunehmen. Sie muss um weitere Kriterien ergänzt werden, um den Konsumenten konkret fassen und ansprechen zu können. Die in den Segmenten festgestellten Bedürfnisse sind hinsichtlich der Essgewohnheiten vom Frühstück bis zum Snack am Abend vor dem Fernseher zu verschieden. Außerdem variieren die Prioritäten, die über den Kauf und den Konsum entscheiden, im Tagesverlauf.

Am Ende der Segmentierungsarbeit steht dann ein Würfel, der folgende drei Dimensionen differenziert: Das primäre Segment »WER« (»Need-Cluster«), das »WANN« (die Gewohnheiten im Tagesverlauf) und natürlich das »WARUM« (s. Abb. 10).

## ANGEBOTSSTRUKTUR DES MARKTES, »NEED«-THEMEN UND »NEED-STATE-CLUSTER«

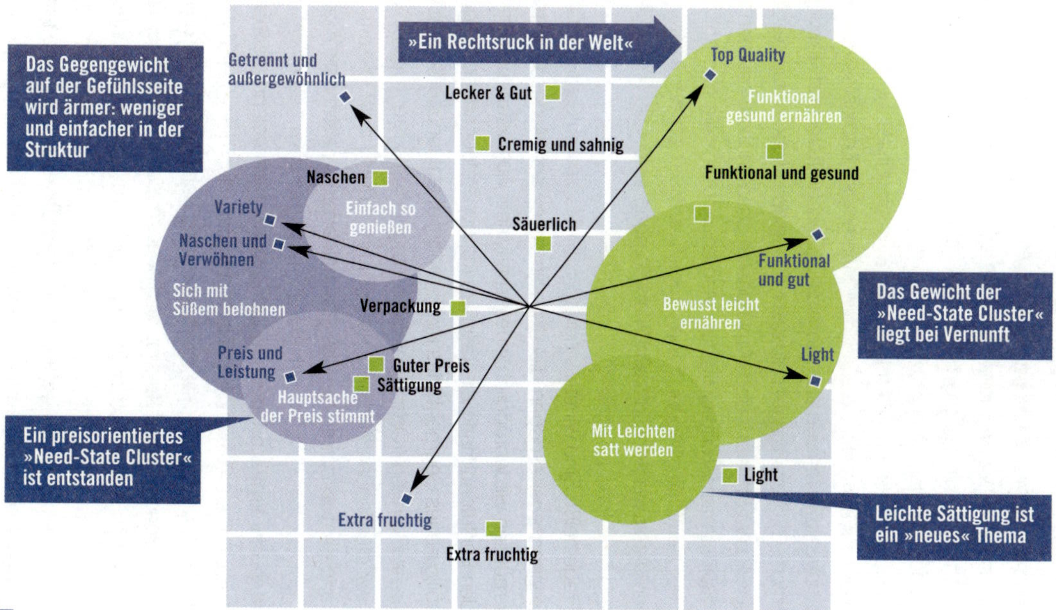


Abb. 9

Jetzt erkennen wir sehr schön, wie verschieden die einzelnen Kundengruppen (Segmente) in ihrem Kaufverhalten sind. Dies aber erlaubt analog zu unserem Mustermann-Beispiel den Schluss, dass es unmöglich sein wird, allen Kunden gleichermaßen gerecht werden zu können. Und schon gar nicht mit einer einzigen Marke oder einer Dachmarke.

In unserem Fall wurden die Joghurt-Marken der Lactosius AG allesamt über Jahrzehnte hinweg auf »Genuss«, »Geschmack« und »Fruchtigkeit« konditioniert. Ganz ausgeschlossen also, diese Marken nun plötzlich auf »gesund«, »wohlfühlen« und »funktionalen Zusatznutzen« drehen zu können. Selbst mit den mächtigsten Marketingetats völlig unmöglich! Also läuft der neue »Funktional-Trend« scheinbar ganz an der Lactosius AG vorbei! Damit wird die Sache nun richtig spannend.

Die Frage heißt: Sind wir stark genug, um mit unseren Genussmarken eine Gegenoffensive gegen die »Funktionalen« am Markt durchzusetzen oder müssen wir womöglich eine neue Marke aufbauen, um uns gezielt auf den Funktionalmarkt einstellen zu können? Oder finden wir gar noch ein völlig neues Segment, das noch nicht besetzt ist und in dem wir uns ausbreiten können? Oder aber, falls uns gar nichts Kreatives einfällt, geben wir dieses Geschäftsfeld auf, um uns künftig auf Desserts, Drinks und andere auskömmliche Geschäftsfelder zu konzentrieren?

Diese fundamentalen Überlegungen zeigen, von welcher zentralen Bedeutung der erste Baustein »Positionierung« für den Fortbestand von Unternehmen ist. Wenn Sie den Markt nicht ganz genau kennen, in dem Sie sich bewegen, zumal er sich ständig verändert, da sich auch die Kunden und ihre Bedürfnisse verändern, indem sie laufend andere Präferenzen entwickeln, dann ist es furchtbar schwer, die richtigen strategischen Entscheidungen zu treffen. Heute noch Strategien aus dem Bauch zu definieren, wäre in etwa so wie mit verbundenen Augen Auto zu fahren. Einige wenige kämen zwar trotz aller Unkenrufe auf einer kurzen Strecke tatsächlich heil an, aber das kann es ja wohl nicht sein!

## SEGMENTIERUNGS-ALTERNATIVE ZUR BESCHREIBUNG DES JOGHURT-MARKTS IN WESTEUROPA

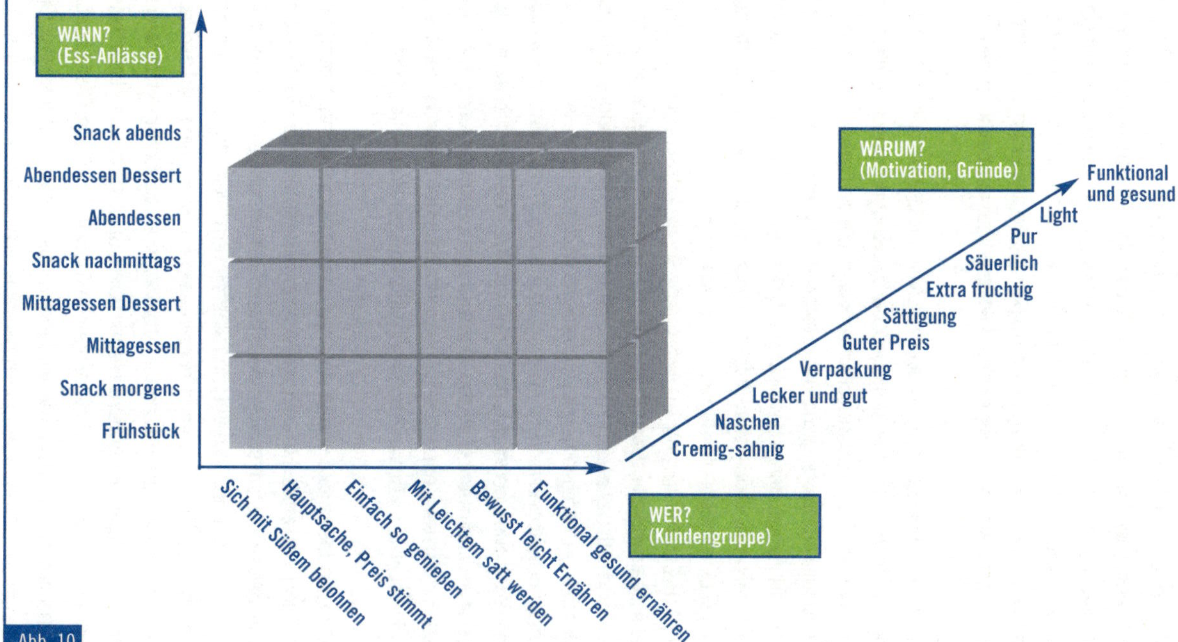


Abb. 10

Die Lactosius AG hat sich jedenfalls entschieden, zweigleisig zu fahren: Zum einen das Profil der einzelnen »Genussmarken« nachhaltig zu schärfen und besser auf die inzwischen erkannten Bedürfnisse der beiden relevanten »Need-Cluster« abzustimmen. Zum anderen will sie die aus der Segmentierung gewonnenen Erkenntnisse nutzen, um mehrere Projekte zur Schaffung neuer Produktkategorien aufzulegen, die es so im Joghurt-Markt noch gar nicht gibt.

Beispielsweise kam heraus, dass es noch kein spezielles Frühstücksprodukt gibt, das die Anforderungen des »Need Clusters« sich »funktional gesund ernähren« erfüllt. Das Segment wäre laut erster Untersuchungen groß genug, rund 80 Millionen Einheiten im Jahr abzusetzen, wenn das Produkt die Merkmale hat, die von der Zielgruppe erwartet werden.

Nach der Identifizierung der einzelnen Geschäftsfelder eines Unternehmens ist auf jedem Geschäftsfeld zu prüfen, welche Segmente sich ermitteln und in Bezug auf die jeweiligen Kundenbedürfnisse beschreiben lassen. Erst wenn diese Vorarbeiten abgeschlossen sind, lässt sich für einzelne Produktlinien bzw. Marken festlegen: WER soll diese Produkt (diese Marke) WANN und insbesondere WARUM, nämlich statt welcher Konsumalternative, kaufen? Wie Produktlinien positioniert werden, zeigt wieder ein Beispiel, hier am Thema »Sich mit Süssem belohnen« (s. Abb. 11).

In diesem Sinne war ich schon einigermaßen entsetzt, als ich bei großen Konsumgütermarken feststellen musste, dass die hier verhandelte triviale Frage weder von den verantwortlichen Produktmanagern noch von den Marketing-Direktoren vernünftig beantwortet werden konnte. Völlig unverständlich, wie diese Leute Millionen in Werbung stecken können, wenn sie noch nicht einmal wissen, wen sie überhaupt ansprechen wollen und – viel schlimmer noch – welcher klar differenzierende Benefit für den Verbraucher ausgelobt werden kann, um ihn zum Kauf zu bewegen.

So entstehen inhaltsleere Kampagnen, die im besten Fall vielleicht zwar witzig sind, gewissen Spaß verbreiten und vielleicht für ihre Kreativität

## ANALYSE DES EINZELELEMENTS »SICH MIT SÜSSEM BELOHNEN«

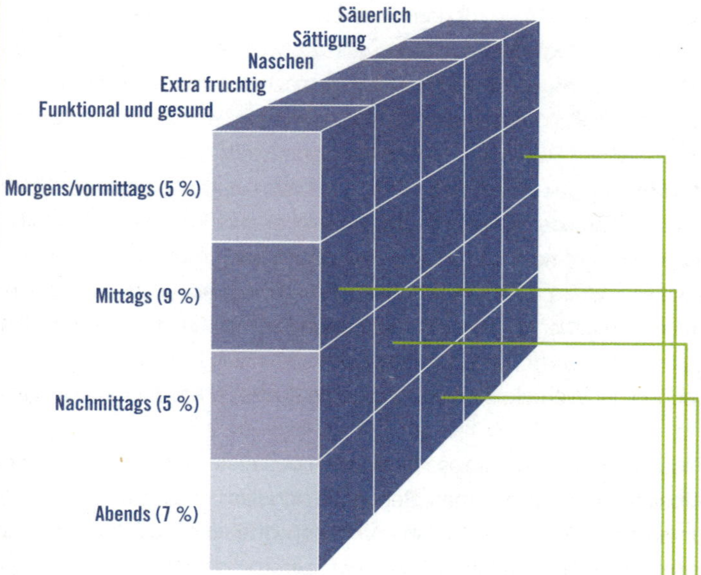


»Naschen ist grundsätzlich immer gut!«

Früh sind die »Sich mit Süßem belohnen« noch schwer zum Joghurt essen zu bewegen.

Das süße Cluster ist eine ausgeprägte Mittags-Gruppe. »Funktional und gesund«, »Sättigung« und »Säuerlich« spielen dann zusätzlich eine Rolle. Das Mittagessen wird ergänzt, nicht ersetzt.

»Funktional und gesund« interessiert diese Gruppe nur mittags wirklich, früh nur ein wenig.

Nachmittags darf es auch mal extra fruchtig sein. Landliebe und Froop werden verstärkt gegessen.

Der Abend nach dem Essen ist wieder Joghurt-Zeit. Dann schlagen auch besonders einige Kalorienzähler wieder zu.

Abb. 11

gelobt werden können, die aber nichts bewirken, um die richtigen Verbraucher »in die Marke hineinzuziehen« und Kaufbereitschaft zu erzeugen.

Genauso wenig aber können diese Leute ihrer eigenen F&E-Abteilung sagen, wie ein Produkt optimiert, weiterentwickelt oder ganz neu aufgesetzt werden muss, um die ins Auge gefasste spezifische Zielgruppe für das neue Produkt zu begeistern. Und dann wundern wir uns alle über die unvorstellbare Ressourcenverschwendung, wenn 90 % der im Lebensmittelhandel neu eingeführten Produkte nach einem Jahr »floppen«! Kein Wunder, dass der potenzielle Zielkunde eher zufällig erreicht wird, wenn die Positionierung der Produkte uneindeutig und unklar ist. Solche Fehlansätze sollte sich heute kein Unternehmen mehr leisten. Vor allem nicht, wenn man bedenkt, dass die nachhaltige Neueinführung eines Konsumguts im deutschen Lebensmitteleinzelhandel aufgrund der Listungsgelder und der Werbekosten gut und gerne 20 bis 30 Millionen Euro kostet.

Fassen wir die Erkenntnisse hinsichtlich des ersten Strategie-Bausteins »Positionierung« zusammen: Sehen Sie sich das Leistungsangebot Ihres Unternehmens ganz genau an und beantworten Sie die Frage, wie viele strategische Geschäftsfelder Sie identifizieren können. Im zweiten Schritt ist jedes Geschäftsfeld daraufhin zu untersuchen, ob Sie Potenziale sehen, um eine Strategie der Preisführerschaft entwickeln zu können, indem Sie die traditionelle Wertschöpfungskette so radikal umbauen, dass Sie schließlich uneinholbar niedrige Kostenstrukturen realisieren können.

Wenn Sie solche Ansatzpunkte nicht feststellen können, und das wird in den meisten Fällen so sein, bleibt Ihnen nur die Strategie der Leistungsführerschaft übrig, wenn Sie nicht früher oder später in der »Todeszone Mittelmaß« verkümmern wollen. Leistungsführerschaft bedeutet jedoch, dass Sie Ihren Markt sehr genau kennen müssen, beginnend damit, dass Sie die Käufergruppen sauber segmentieren. Letzteres aber heißt: Aus der Vielzahl überaus individueller Kundenwünsche verbindliche Muster abzuleiten, wodurch und wie sich Kundengruppen bilden lassen, die gleiche, zumindest aber ähnliche Bedürfnisse haben

Die präzise Segmentierung hilft Ihnen dabei, konkret festzulegen, auf welche Kundengruppe Sie sich künftig mit Ihrem Angebot konzentrieren sollten. Damit legen Sie natürlich auch fest, welche konkreten Kundenbedürfnisse Sie befriedigen wollen. Ab dieser Stufe können Sie sich dann voll und ganz darauf konzentrieren, daran zu arbeiten, überzeugende unternehmerische Antworten auf die schlichte Frage Ihrer Kunden zu liefern: »Warum soll ich, bitte schön, mein Geld bei Ihnen ausgeben und nicht bei Ihrem Wettbewerber?«

Voraussetzung für die erfolgreiche Gestaltung dieses Ansatzes ist stets, dass das Kundensegment, auf das Sie sich konzentrieren wollen, attraktiv ist und folgende Bedingungen erfüllt:

- Es muss groß genug sein, um Ihr Unternehmen mit einem realistischen Marktanteil überleben zu lassen.
- Idealerweise wächst das Kundensegment. Das erleichtert Vieles.
- Das Kundensegment muss profitabel sein, am besten sogar überdurchschnittlich profitabel. Sonst haben Sie wenig Freude an ihm.
- Sie sollten sich nicht von einem großen Kunden oder von einem Oligopol abhängig machen. Außerdem sollten Sie bei Marktsegmenten mit hohen Eintrittsbarrieren auf der Kundenseite vorsichtig sein.
- Sie sollten in dem künftig bevorzugt zu besetzenden Kundensegment schon eine Verankerung haben, idealerweise einen kleinen Kundenstamm. Sonst wird es schwer.

Lassen Sie die Finger von Kundensegmenten, die von vornherein zu klein sind, die schrumpfen oder die eine nur geringe Profitabilität aufweisen. Diese Segmente sollten Sie am besten Ihren Wettbewerbern überlassen. Das aber heißt in der Konsequenz, dass Sie noch mal von vorn anfangen müssen, falls Sie zu einem späteren Zeitpunkt erkennen, dass das ausgewählte Segment doch nicht so attraktiv ist, wie Sie dachten. Dies gilt leider auch, nachdem Sie gegebenenfalls schon viel Arbeit in die Segmentierung gesteckt haben. Diesbezüglich hat jedoch Vernunft zu walten: Lieber ein Ende mit Schrecken als ein Schrecken ohne Ende!

## Zweiter Strategie-Baustein: Produkte

»Sie müssen wissen, welchen Fisch Sie angeln wollen, bevor Sie den Köder setzen.« Kein Anglerlatein, sondern eine sehr solide Empfehlung.

Mal ganz ehrlich und Hand aufs Herz: Wie hoch war Ihre Erfolgsrate der Produkte, die sie in den letzten fünf Jahren neu in den Markt eingeführt haben? Ach, das wissen Sie nicht so genau? Weil es gar keine eindeutigen Pflichtenhefte für Neuprodukt-Entwicklungen gibt bzw. weil die bei Ihnen sehr allgemein gehalten sind, um es diplomatisch auszudrücken?

Mich traf auch fast der Schlag als ich zu einem namhaften Hersteller von Konsumgütern in der Ausprägung Snacks und Zwischengerichte kam und nach den Pflichtenheften für die in der Entwicklung befindlichen Produkte fragte. Fehlanzeige! So etwas haben wir nicht! Na ja, wir wissen natürlich schon, was wir wollen, ist ja klar, aber Pflichtenhefte haben wir nicht. Das wäre ja wohl auch viel zu aufwendig.

Na gut, dann schauen wir uns doch mal die Kennzahlen der zuletzt eingeführten Produkte an. Vielleicht haben Sie ja Recht? »Ja, äh, das ist in diesem Markt schwierig. Wissen Sie, der Markt ist sehr unübersichtlich und die Verbrauchergewohnheiten ändern sich dauernd.« Mag ja schon sein, aber jetzt bitte die Zahlen! »Also, äh, die sind nicht ganz so toll. Wir haben vor drei Jahren zwei Produkte eingeführt, die hat der Handel nach sechs Monaten Testmarkt dann wieder ausgelistet. Das Müsli, das wir vor zwei Jahren lanciert haben, läuft zwar noch, aber hier müssen wir permanent mit Aktionen nachhelfen. So von selbst läuft das auch nicht!«

»Haben Sie denn parat, was Sie diese Innovationen in Summe gekostet haben, so ganz grob über den Daumen?« »Ja, also das war so: In einem Fall mussten wir eine neue Abfüllanlage mit neuen Tabs installieren. Das waren bestimmt schon um die fünf bis sechs Millionen Euro. Und in die Werkzeuge, die wir dann noch brauchten, haben wir mindestens einen zweistelligen Millionenbetrag investiert!«

Lieber Leser: Das ist Verschwendung in Reinkultur! Da werden Millionen verpulvert, wo an anderer Stelle jeder Euro dreimal umgedreht wird. Leider kein Einzelfall in der deutschen Industrie, auch nicht im Mittelstand!

Dafür haben Sie im ersten Schritt Ihrer strategischen Arbeit unter dem Stichwort der »Positionierung« eine sehr präzise Vorstellung davon entwickelt, welche speziellen Zielkundengruppen Sie künftig mit ihrem Unternehmen bedienen wollen, differenziert nach den Geschäftsfeldern, in denen Sie sich bewegen. Sie haben außerdem festgelegt, wie Sie sich auf dem jeweiligen Geschäftsfeld gegen Ihre Hauptwettbewerber strategisch positionieren wollen: Als Preisführer oder als Leistungsführer.

Wenn Sie sich für die Leistungsführerschaft entschieden haben, steht und fällt der Erfolg Ihrer Bemühungen in allerhöchstem Maße mit dem von Ihnen definierten Leistungsangebot. Das aber heißt, um es nochmal zu wiederholen, für eine klar definierte Zielkundschaft ein Angebot bereitzustellen, das besser, also maßgeschneiderter, auf die Bedürfnisse dieser Zielkundschaft passt, als alles, was sonst so angeboten wird! Das ist und bleibt die ganz große Herausforderung!

Sie nachhaltig zu bestehen, setzt insbesondere voraus, dass Sie die Bedürfnisse Ihrer Zielkunden so genau wie möglich kennen. Aber mal unter uns: Wann haben Sie denn das letzte Mal ein intensives Gespräch mit Ihren Kunden geführt, und zwar nicht, um etwas verkaufen zu wollen, sondern weil Sie ganz genau verstehen wollten, was Ihre Kunden beschäftigt, was sie umtreibt, wo sie unbefriedigte Bedürfnisse haben, wie sie Ihre Kaufentscheidungen treffen und was Ihnen heute in der Zusammenarbeit mit Ihnen bzw. an der Ausstattung Ihrer Produkte oder Ihrer Dienstleistungen gefällt? Wobei natürlich noch viel wichtiger zu erfahren wäre, was Ihren Kunden eben nicht passt und eben nicht gefällt! Ist das eventuell schon ganz schön lange her, sich so mit den Kunden befasst zu haben? Hat Sie das leidige Tagesgeschäft an dieser wichtigen Sache gehindert? Klar, und die anderen Abhaltungsgründe von der Steuererklärung über die Gespräche mit der Bank und was sonst nicht noch alles!

Lieber Leser: Wenn Sie in Ihrem Marktsegment wirklich Leistungsführer werden wollen, dann bleibt Ihnen keine andere Wahl, als sich intensiv mit Ihren Zielkunden auseinanderzusetzen und in deren Köpfe zu schauen! Wie sonst können Sie besser werden als der Wettbewerb, wenn Sie vielleicht überhaupt nicht wissen und verstanden haben, was Ihr Kunde eigentlich will und braucht. Es ist so, als wenn Sie in einem See oder Teich angeln wollten, ohne zu wissen, welche Fische dort herumschwimmen und erst recht keine Ahnung hätten, welche Köder diese Fische lieben.

Lassen Sie mich dies anhand der Toolix AG, einem Hersteller von Elektrowerkzeugen, näher erläutern. Der Markt für Elektrowerkzeuge steht wie alle großen Märkte in der globalen Welt im Hyperwettbewerb. Die Kunden sehen sich einem absoluten Überangebot gegenüber, das unter anderem von den großen Baumarktketten angeheizt wird, die sich ständig mit Sonderangeboten unterbieten. Die Durchschnittspreise für Handkreissägen, Winkelschleifer, Bohrmaschinen und Stichsägen sinken seit langem, teilweise mit Raten von bis zu 5 % im Jahr. Der Weltmarkt für diese Geräte stagniert im Wert und legt nur noch in der Menge leicht zu.

Der Vorstand der Toolix AG ist daher mit der Entwicklung seines Unternehmens alles andere als zufrieden. Meine vier strategischen Diagnosefragen werden überwiegend mit »Nein« beantwortet. Insbesondere der Rohertrag bereitet große Sorge. Aufgeschreckt durch einen Ergebniseinbruch im letzten Quartal entschließt sich der Vorstand, sich nochmals mit der Strategie des Unternehmens zu befassen und klare Festlegungen hinsichtlich der künftigen Positionierung zu treffen. In diesem Zusammenhang wurde der Markt für Elektrowerkzeuge segmentiert (s. Abb. 12).

Nach einigen Monaten gründlicher Analysearbeit wurde den Entscheidern klar: Wir konzentrieren uns auf Elektrowerkzeuge, die sich an die Kundengruppe »Schreiner, Innenausbau und Möbelbauer« wenden, da wir in dieser Zielgruppe gut verankert sind. Hier wollen wir die absoluten Leistungsführer sein, und zwar weltweit! Das ist es, wofür wir ab sofort kämpfen und womit wir uns aus der »Todeszone Mittelmaß« herausbewegen!

SEGMENTIERUNG DES MARKTES FÜR ELEKTROWERKZEUGE NACH PRODUKTEN, EINSATZBRANCHEN UND ANWENDUNGEN

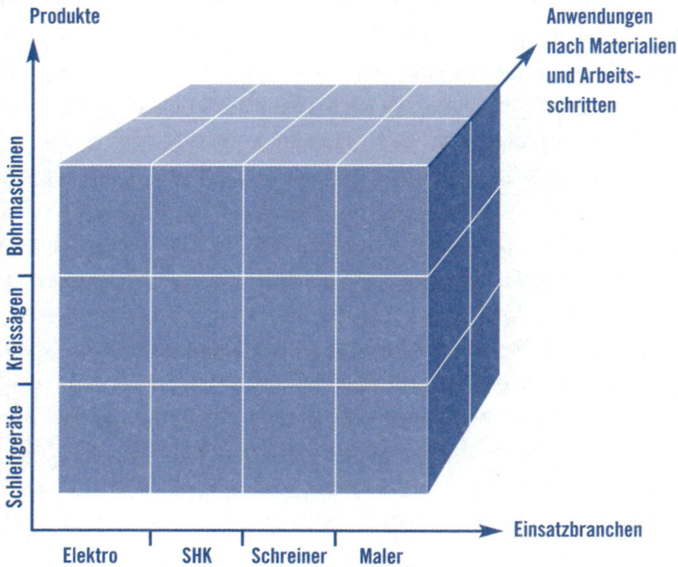


Abb. 12

Aber was glauben Sie, welche Kämpfe es im Vorstand gab, bis diese Entscheidung so stand? Das Gegenargument war klassisch: »Ja, aber das heißt doch, dass wir unsere Zielgruppe Elektriker, bei denen wir doch auch ganz ordentliche Umsätze machen, nicht mehr werden halten können. Wir werden diese Umsätze verlieren! Sollen wir das im Vorstand verantworten?« Ja, natürlich, denn dieser Mut wird belohnt!

Ich bin überzeugt: Das größte Hindernis auf dem Weg zur Leistungsführerschaft ist der fehlende Mut, sich auf wenige Felder festlegen zu müssen, um auf ihnen wirkliche Spitzenleistungen zu erbringen. Davor scheuen die meisten Unternehmer, Geschäftsführer und Vorstände zurück. Die Vorstellung, Umsätze nicht halten zu können, sich von Geschäftsfeldern bewusst verabschieden zu müssen, fällt ungeheuer schwer. Aber es ist der einzige Weg, um strategisch auf ein neues, zukunftsfähiges Plateau zu kommen, zumal die verfügbaren Ressourcen in aller Regel begrenzt sind.

Zurück zu unserem Beispiel: Mit der Festlegung auf eine Zielgruppe hat der Vorstand den Grundstein für die Arbeit im Produktmanagement, im Marketing und natürlich in der Produktentwicklung gelegt. Keine Universalgeräte mehr, die mehr oder weniger alles können, sondern ganz speziell auf nur eine Branche, nämlich auf die Schreiner, Innenausbauer und Möbelbauer, ausgerichtete Produkte und zur Abrundung des Portfolios anschließend auch die entsprechenden fokussierten Dienstleistungen!

»Leicht gesagt«, haben die Produktmanager damals moniert. Aber ein Akku-Schrauber ist und bleibt doch ein Akku-Schrauber! Was sich der Vorstand da wieder ausgedacht hat, ist doch graue Theorie! Was macht das denn für einen Sinn, ein spezielles Gerät nur für eine Zielgruppe zu entwickeln? Dabei kommen doch viel zu kleine Stückzahlen raus, um wirtschaftlich produzieren zu können! Und wie sich ein Akku-Schrauber überhaupt differenzieren lassen soll, ist uns ein Rätsel!

Es hat daher schon eine ganze Weile gedauert, bis es dem Vorstand gelang, die Führungskräfte und die Mitarbeiter von der Idee der klar fokussierten Vorgehensweise zu überzeugen. Der Durchbruch fand statt als unter Beteiligung des Vorstands die ersten Befragungen von Schreinern angesetzt wurden und als Prozessanalysen in deren Werkstätten weiteren hoch interessanten Aufschluss brachten.

Zunächst aber wurde alle Aktivitäten auf die Produktgruppe Akku-Bohr-Schrauber konzentriert, wertmäßig sowie nach Stückzahlen der größte Einzelmarkt für Elektrowerkzeuge und auch im Schreinerei-Segment der »Top-Seller«. Wann und wo wird der Akku-Bohr-Schrauber eingesetzt? Wie häufig ist er im Einsatz? Wie oft wird gebohrt und wie oft wird geschraubt? Wann nimmt der Profi doch lieber die »normale« Kabel-Bohrmaschine? Welche Materialien, also Schrauben, Verbindungselemente etc. werden überhaupt verwendet? Wann schreit ein Handwerker auf und wann flucht er und vor allem, »Warum«? Ein aufschlussreiches Feld für Optimierungen und Weiterentwicklungen. Wann werden die Akkus geladen? Wie werden die Geräte transportiert? Wie lange halten die Geräte überhaupt? Welche Marken sind im Einsatz und warum? Fragen über Fragen, wenn man sich erst einmal überwunden hat zu akzeptieren, dass man von seiner Zielkundschaft sehr viel verstanden haben muss, bevor man ein ideales Gerät für ihre Bedürfnisse herstellen kann.

Und diese Fragen beantwortet nun mal niemand im »stillen Kämmerlein«, zu Hause oder in der Firma, sondern da heißt es, hineingehen in die Werkstätten, rausfahren auf die Baustellen und die Zielkunden bei ihrem Tagewerk ganz genau beobachten. Das ist auch nicht mit einem Kurzbesuch von 30 Minuten getan. Solche Werkstattvisitationen dauern bis zu einem Tag und länger, bis man greifbare Ergebnisse hat. Was also haben die Teams der Toolix AG zum Thema Akku-Bohr-Schrauber in der relevanten Zielgruppe erkundet und erfahren?

Ein großes Ärgernis bestand im dauernden Wechseln der Anwendung zwischen Bohren und Schrauben und insofern zwischen Bohrern und Bithaltern, die zum Schrauben in verschiedener Länge benötigt werden. Außerdem hieß es, die Bohrfutter seien viel zu groß und zu schwer, wenn man bei der Montage von Schränken in engen Winkeln schrauben müsse. Die Akkus selbst seien sehr teuer und hätten zu wenig Ladekapazität. Am besten wäre es, wenn der Akku erst über Nacht wieder aufgeladen werden könnte. Außerdem galt die Lebensdauer der Akkus als Problem.

Im Lichte dieser praxisnahen Auskünfte wurde der Mannschaft der Toolix AG klar: Der Akku-Bohr-Schrauber als solcher ist zwar längst erfunden, aber in dieser Gerätelinie steckt noch so unglaublich viel Entwicklungspotenzial, dass es Jahre, wenn nicht Jahrzehnte dauern wird, bis ein Entwicklungsstand erreicht ist, der die heute erkannten Defizite wirklich beseitigt, so dass die Profis einmal sagen werden: Jetzt ist er perfekt! Falls dieses Ziel überhaupt jemals erreicht werden kann.

Ich durfte diese Erfahrung in den letzten Jahren schon mindestens ein Dutzend mal machen, welcher Stimmungsumschwung bei den wichtigsten Meinungsmachern eintritt, wenn auf einmal ein ganz konkretes Bild von dem Produkt oder der Dienstleistung entsteht, die man für eine konkrete Aufgabe entwickeln will. So »nebulös« die Vorstellung anfangs auch ist, was Leistungsführerschaft heißt, so konkret wird die Idee mit einem Mal, wenn die Erkenntnisse aus vertieften Kundengesprächen ausgewertet werden und wenn die Kundenbedürfnisse konkret formulierbar sind.

Im Fall der Toolix AG nahm man sich erst des Bohrfutters an und machte dabei eine wichtige Erfahrung, die einzigartig für Akku-Bohr-Schrauber war. Bohrfutter und Gerät wurden technisch entkoppelt. Das hieß, die Maschine als Antrieb auszulegen ohne sich sofort darum zu kümmern, wie das Bohr- bzw. das Schraubfutter aussehen soll. Das war der Geistesblitz, der es erlaubte, sich mit alternativen Bohrfuttern zu befassen.

Eine Sache hatten die Schreiner aber auch noch gesagt: Ein Akku-Schrauber sollte so leicht wie möglich sein. Haben Sie denn schon mal 100 Schrauben hintereinander über Kopf in die Decke gedreht? Dann wissen Sie, worum es geht. Da merkt man jedes Gramm!

Die Analyse der einzelnen Gerätekomponenten zeigte jedenfalls: Rund 20 % des Gewichts dieser Geräte stecken im Bohrfutter! Und so ließ sich die nächste Innovation überhaupt nicht mehr verhindern! Denn es musste ein Bohrfutter her, das so leicht wie möglich war und mit dem Bits und Bohrer so schnell wie möglich gewechselt werden konnten.

Tatsächlich dauerte es dann noch einige Monate, bis die Ingenieure diese Ideen in ein Muster umgesetzt hatten, das auch produzierbar war. Doch das, was jetzt auf dem Tisch lag, war eine kleine Revolution! Das kleinste und leichteste Bohrfutter der Welt, bei dem sich Bohrer und Bithalter mit einem Handgriff wechseln ließen! Ein geniales Produkt! Eine echte Problemlösung, die nie auch nur angedacht worden wäre, wenn es die Werkstattbesuche und die Kundeninterviews nicht gegeben hätte!

Ein echter Durchbruch auf dem Weg zur Leistungsführerschaft, der die Mannschaft elektrisierte und zu weiteren Höchstleistungen angetrieben hat. Der positive Nebeneffekt war: Das neue Futter setzt eine besondere Schnittstelle für Bohrer und Bithalter voraus, die (patentiert) dafür sorgt, dass beide Teile grundsätzlich bei der Toolix AG gekauft werden müssen: Ein Dauergeschäft mit Verbrauchsmaterialien, das ohne diese Erfindung niemals möglich gewesen wäre und mit dem für lange Zeit schöne Deckungsbeiträge erwirtschaftet werden können. Dass es inzwischen auch Winkelvorsätze gibt, die in der Grundeinstellung des Winkels frei einstellbar sind sowie ein Exzenter-Bohrfutter, mit dem in die hintersten Ecken geschraubt werden kann, sei hier nur der Vollständigkeit halber erwähnt (s. Abb. 13).

Mit diesen relativ einfachen Erkenntnissen gelang es der Toolix AG, anhand eines konkreten Produktbeispiels zu demonstrieren, was es heißt, in einem Segment Leistungsführer zu werden. Ein absoluter Quantensprung in der Geschichte des Unternehmens, der den Grundstein für eine lange Erfolgsgeschichte gelegt hat, weil die jetzt gelernte Vorgehensweise auf alle anderen Geräte übertragen wurde und so viele gute, nachhaltig erfolgreiche Innovationen entstanden!

Klar ist aber auch: Wäre die Mannschaft nicht so bewusst auf ihre Zielgruppe zugegangen, wären diese Erkenntnisse nicht zu haben gewesen! Ein Metallverarbeiter bohrt, aber er schraubt kaum mit einem Akkugerät. Dasselbe gilt für Elektriker. Also wäre auch das Problem des permanenten Bohrer-/Schrauberwechsels nie auf den Tisch gekommen und ebenso wenig das Gewichtsproblem.

Dafür gibt es in den anderen Branchen und Anwendungen natürlich ganz andere Probleme, die nach Lösungen rufen, aber für diese Aufgabenstellungen interessiert sich unsere Toolix AG nicht. Sie hat auf Jahre hinaus in ihrer Zielgruppe so enorme Potenziale, dass diese genügen, um den Umsatz zu vervielfachen, allein schon, wenn sie sich systematisch auf die Verbesserung ihrer Produkte für die Schreiner konzentriert.

Dass die Dinge nicht immer ganz so einfach liegen, zeigen zwei andere Beispiele: Im Rahmen eines Strategie-Workshops für einen Hersteller von Elementen der Verbindungstechnik für den Automobilbau ging es natürlich auch um die zentrale Frage: Wie können wir uns im Produkt von unseren Hauptwettbewerbern nachhaltig differenzieren? Wir machen Schrauben, Clips, Winkelstücke etc. Wir verbinden Metallteile miteinander oder wir fügen Kunststoff-Elemente zu Baugruppen zusammen.

Der Workshop verlief mehr als zäh. Mein Gott, eine Schraube ist halt eine Schraube, ein Clip eben ein Clip. Was soll da groß zu differenzieren sein? Seitens der Teilnehmer war man sich sogar weitgehend sicher, dass es keine Differenzierung gibt. Das sei halt so. Jetzt soll der Weiß da vorn uns mal in Ruhe lassen mit seiner theoretischen Idee! Das geht bei uns nicht. Das muss er doch merken! Im Rückblick gebe ich gerne zu, dass ich seinerzeit nach den beiden Tagen auch ziemlich ratlos war.

Die Erleuchtung kam, als wir zwei Außendienstmitarbeiter baten, einmal frei von der Leber weg zu erzählen, wie ihr Arbeitsalltag aussieht, mit wel-

**DURCH KONSEQUENTE PROBLEMANALYSE OPTIMALE LÖSUNGEN FÜR KLAR DEFINIERTE ZIELSEGMENTE ERARBEITEN**

Abb. 13

chen Problemen sie zu kämpfen haben und wo ihre Projekte gerade stehen. Diese Erklärungen machten klar: Ja, wir sind im Automobilbau unterwegs, aber die Problemstellungen, die es etwa bei Tür- und Innenverkleidungen zu bewältigen gibt, unterscheiden sich gravierend von den Themen, die im »Front end« bei der Montage von Scheinwerfern, Kühlergrill und Stoßfängern zu beherrschen sind. Bei Montageaufgaben am Armaturen-Panel sieht es nochmal ganz anders aus. Und plötzlich sahen wir, dass wir es je nach Segment mit ganz verschiedenen Einkäufern, »Tier-1«- und »Tier-2«-Lieferanten und Entwicklern zu tun haben! Wir erkannten, dass wir bei BMW mit Türen gut im Geschäft sind, bei Audi aber nur mit Schiebedächern und bei Mercedes vor allem mit Heckleuchten.

So war dann auch zu erklären, warum sich die Außendienstler massiv beschwerten, dass die Entwicklungsabteilung oft zu langsam war, weil das Rad offenbar jedes Mal neu erfunden wurde.

Das war der Durchbruch! Wir müssen uns auf bestimmte Baugruppen im Automobilbau konzentrieren, um zu überlegenen Lösungen zu kommen, die wir dann mit Modifikationen und unter Beachtung der geforderten Vertraulichkeit branchenübergreifend anbieten können. Wenn wir unsere Entwicklungskapazitäten auf zwei oder drei zentrale Baugruppen mit attraktiven Marktpotenzialen fokussieren, werden wir nicht nur hier in Deutschland erfolgreich sein, sondern erstmals auch die Chance haben, in größere Automärkte wie in den USA, in Brasilien und China vorzudringen, ja vielleicht sogar bis nach Japan und Korea.

Daher haben wir dann Lösungen für den Bereich »Front end« entwickelt, damit es den »Tier-1«-Herstellern möglich war, die Montagezeiten dank unserer Elemente deutlich zu senken, eine einfache nachträgliche Feinjustierung vorzunehmen und die Reparaturfreundlichkeit im Falle von kleineren Unfallschäden signifikant zu erhöhen. Herausgekommen sind Verbindungselemente, die mit herkömmlichen Schrauben nur noch kaum etwas gemein haben. Diese neuen Produkte stellen wir nun in besonderen Materialkombinationen und mit speziellen »Justage-Features« her.

Das nächste Beispiel beschreibt die entgegengesetzte Richtung: Statt »Scaling down« auf immer speziellere Aufgaben wie in den bisher behandelten Fällen sieht der Entwicklungsweg für einen Produzenten von Komponenten der Automatisierungstechnik »Scaling up« vor, also eine sehr viel breitere Definition des Problemverständnisses aus Kundensicht.

Der Hersteller ist seit Jahren sehr erfolgreich mit pneumatischen Zylindern, Ventilen, elektrischen Achsen und Zubehör für ein sehr breites Kundenspektrum im Markt, und zwar überwiegend im Maschinenbau, wobei es natürlich auch in dieser Branche nicht ausgeblieben ist, dass es zu erheblichem Margendruck kam und die Frage gestellt werden musste: Wodurch unterscheiden wir uns heute eigentlich nachhaltig von unseren Haupt-Wettbewerbern? Wieder dieselbe bange Frage.

Ein pneumatischer Zylinder ist ein relativ einfaches Produkt. Wodurch können wir uns denn da doch unterscheiden? Natürlich gibt es vereinzelt Ansatzpunkte, aber für eine echte strategische Differenzierung reichen sie sicher nicht aus. Was tun? Sie ahnen es schon: Ja, lasst uns doch unsere Kunden fragen, was sie sich wirklich wünschen und wo sie als erfahrene Anwender Verbesserungspotenziale sehen!

Und siehe da: Ein ganz anderes Antwortspektrum als bei unserem Fall aus der Verbindungstechnik. Die Kunden sagten hier: Ihr seid Spezialisten in der Automatisierungstechnik. Dieses Gebiet hat nur einen Sinn: Vorgänge in der Fertigung zu rationalisieren und Abläufe permanent wirtschaftlicher, also rationeller zu machen.

Wir Kunden verstehen viel davon, wie man Kekse produziert, Autokarosserien schweißt, Getränke mixt oder elektronische Elemente fertigt. Aber ob wir das immer wirtschaftlich, also effizient machen, wissen wir nicht so genau. Könnt ihr uns denn nicht helfen, Rationalisierungspotenziale zu erkennen und diese dann zusammen mit uns wirtschaftlich erschließen? Ein klare Themenstellung, die mit dem angestammten Kerngeschäft mit Komponenten allerdings kaum mehr etwas zu tun hat.

Und die Lösung? Sie sah so aus: Den Weg in die Dienstleistung zu beschreiten, vom Consulting über die Aus- und Weiterbildung der Mitarbeiter der Kunden im »Industrial Engineering«, bis hin zum Bau kompletter Systeme als schlüsselfertige Problemlösungen, die durch Automatisierung Rationalisierungspotenziale erschließen, um die Wettbewerbsfähigkeit der Kunden zu steigern.

Diese Beispiele ließen sich beliebig fortsetzen. Sie belegen alle dasselbe: Um Leistungsführer in seinem Markt zu werden, gibt es nicht nur eine Lösung. Die Spezialisierung auf einzelne Kundensegmente zieht sich zwar wie ein roter Faden durch alle Ansätze hindurch, doch wie die richtige Spezialisierung im konkreten Fall aussieht, ist höchst verschieden.

Wirklicher Leistungsführer aber wird man, indem man bei seinen Zielkunden Probleme identifiziert, für die es heute noch gar keine Lösung gibt. Wer es daraufhin schafft, eine komplett neue Produkt- oder Service-Kategorie zu etablieren, hat einen nahezu uneinholbaren Wettbewerbsvorsprung, weil die Namen dieser Produkte häufig als Kategorie-Begriffe in den Sprachgebrauch eingehen, die (klug geschützt) ein Dauermarketing induzieren, das höchste Bekanntheit schafft und die Mund-zu-Mund-Propaganda fördert. Das ist die »Königsdisziplin« des Leistungsführers.

Sie kennen doch diese überaus erfolgreichen Marken, die wie Gattungsbegriffe sind: Tempo für Papiertaschentücher, Uhu, der Alleskleber, Kärcher für Hochdruckreiniger, Tesa für Klebebänder, Rational bei Dampfgarern oder Holder für Knicklenker-Traktoren, um nur einige zu nennen. Alle diese Anbieter haben sich als Produkt-Kategorien etabliert. Die Unternehmen profitieren jahrzehntelang von ihrer Maßstäbe setzenden Marktstellung, sofern die Inhaber oder die Geschäftsführer nicht durch eigene Fehlentscheidungen selbst Hand an ihre strategischen Säulen legen.

Nehmen wir die zuletzt genannte Marke »Holder. Das Unternehmen ging bereits 120 Jahre lang durch viele Höhen und Tiefen. Doch der Markenkern blieb erhalten: Höchst wendige Traktoren mit multifunktionaler Anwendung in den Segmenten Kommunaltechnik, Wein- und Obstbau. Das Produkt ist die Basis, auf der das Konzept »Wirtschaftlichkeit« aufsetzt: Ein einziges Gerät für fast alle Einsatzbereiche, vom Winterdienst bis zur Grünlandpflege, in der Stadtreinigung oder neuerdings als Spezialanwendung zur Reinigung von Solar-Paneln (s. Abb. 14).

Sie werden jetzt denken, gut und schön, diese Beispiele, à la bonne heure, aber wir in unserer Branche, bei unseren so sehr verschiedenen Zielkunden, da geht so was doch gar nicht. Bitte lassen Sie mich an dieser Stelle sagen, dass genau diese Denkhaltung, die zwar gewiss auf Branchenkompetenz beruht, aber auch etwas von Schicksalsergebenheit hat, die höchste Barriere des Unternehmers oder des Geschäftsführers auf dem Weg zu künftigen Erfolgen ist. Diese Denkblockade, dass Fortschritt aufgrund von Gegebenheiten nicht geht, ist zu einfach, weil man dann nichts tun kann und also auch nicht muss. Aber sie ist der Anfang vom Ende!

Wenn es selbst Produzenten von Mineralwasser schaffen, ihre Produkte zu differenzieren bis hin zu Kultmarken wie Voss, Bling H2O und Fiji mit

**MAX HOLDER GMBH**
**PRODUKTPROGRAMM**

Abb. 14

Preisen von bis zu 40 Euro die Flasche, dann gelingt Ihnen das auch, und zwar egal, in welcher Branche oder Sparte und in welchem Geschäft!

Ich darf Ihnen also nochmals versichern: Es geht! Auch bei Ihnen! Weil ich selbst Teil haben durfte an solchen Entwicklungsprozessen zur Leistungsführerschaft bei einem Softwarehaus, bei Herstellern von Transportgestellen und Dachflächenfenstern, von Schrauben, Verbindungstechnik und pneumatischen Komponenten, im Großhandel und auch bei »Fast Moving Consumer Goods«.

Würden Sie denn meinen, dass sich ein simpler Fruchtjoghurt mit 60 Kriterien beschreiben lässt? Ich habe mir das auch nicht so vorgestellt, bis ich sehr tief in diese Materie eingedrungen bin. Und genau in der Ausprägung dieser Kriterien entscheidet sich, ob Sie dem hohen Anspruch der Leistungsführerschaft in dem von Ihnen definierten Kundensegment gerecht werden oder nicht. Treffen Sie die »Key Buying Factors« nicht genau, ist es in der Praxis mit der schönsten Theorie Ihrer Strategie vorbei!

Aber Sie müssen die Übung auch dann absolvieren, wenn Sie Preisführer werden wollen, weil es zwingende Bedingungen für Produkte gibt. Wenn Sie die nicht erfüllen, nützt Ihnen der beste Preis nichts. Das Produkt wird nicht oder nicht nochmal verkauft und die Preisführerschaft ist gestorben.

Ich erlebe gerade erst wieder ein solches Beispiel in einem Unternehmen, das die Methodik eigentlich beherrscht. Leider aber hat der Geschäftsführer einer Tochtergesellschaft geglaubt, diese einfachen Zusammenhänge würden für ihn und seinen Marktansatz nicht gelten. Also hat er getrieben von seiner Entwicklungsabteilung einen Luft-Kompressor entwickeln lassen, der alle nur denkbaren technischen Features besitzt und super tolle Leistungsdaten hat, aber so groß geraten ist, dass das Gerät förmlich »am Markt vorbei« entstand. Das ist einfach tragisch!

Im Ergebnis wurde nicht einmal ein Viertel der geplanten Stückzahlen realisiert. Ein wirtschaftliches Fiasko, nur, weil man ohne klares Verständnis dessen, was der Kunde wirklich will, in die Entwicklung gegangen ist. Hätte man seine Abnehmer intensiv befragt, was man jetzt gerade nachgeholt hat, wäre dabei herausgekommen, dass Handlichkeit und Transportierbarkeit das drittwichtigste Merkmal für die Kaufentscheidung sind und insofern absolute »Knock-out«-Kriterien. Viele »Features«, die sehr aufwendig eingebaut wurden, finden sich demgegenüber auf Rangplatz 15 und noch weiter hinten. So simpel ist das.

Lieber Leser, dass ich ein Methoden-Freak bin, merken Sie schon. Bitte stören Sie sich nicht daran! Im Bereich der Produkte dürfen Sie wirklich nichts dem Zufall überlassen. Da geht es um so viel Geld, dass eine systematische, methodisch fundierte Vorgehensweise unabdingbar ist.

Wenn Sie sich als Molkerei dafür entschieden haben, bei Joghurts auf das Kundenzielsegment »sich mit Süßem belohnen« setzen, kommt es in erster Linie darauf an, dass Ihr Produkt bei Blindverkostungen besser abschneidet als die Produkte der Konkurrenz, indem es

- richtig lecker schmeckt,
- garantiert frisch ist (Frische, die man schmeckt),
- richtigen Genuss bietet,
- genau die richtige Portionierung hat,
- eine praktische, wiederverschließbare Verpackung hat,
- gut zum Abschalten und Entspannen verhilft und
- besonders cremig ist.

Wenn Zweifel angebracht sind, ob Ihr Produkt wirklich besser ist als der vergleichbare Wettbewerb, sollten Sie nicht in den Markt gehen. Das jedenfalls spart viel Geld. Auch klar aber ist, dass Sie ganz andere Kriterien bedienen müssen, wenn Sie auf das Segment »sich funktional und gesund ernähren« setzen wollen. Dann spielen Gesundheitsaspekte wie die Stärkung der Abwehrkräfte und des Immunsystems, wenig Fett, wenige Kalorien, Empfehlungen von Gesundheitsexperten und andere Dinge mehr die entscheidende Rolle für den nachhaltigen Erfolg.

## ALLEINSTELLUNGSMERKMALE VON PRODUKTEN (ALLGEMEIN)

| Technisches Merkmal | Vorteil | Nutzen |
|---|---|---|
| • Knicklenkung | • Sehr gute Wendigkeit<br>• Kleiner Kurven-Korridor<br>• Weniger Rangieraufwand | • Effiziente Flächenbearbeitung<br>• Wenig Nacharbeit => Zeitersparnis/Kostenersparnis<br>• Wenig Rangieraufwand |
| • 4-Stufen-Hydrostatantrieb (2 Arbeitsstufen/2 Transportstufen) | • Hoher Fahrkomfort durch elektronische Regelung bei jedem Einsatz<br>• Gleichmäßiges Arbeitsergebnis<br>• Entlastung des Fahrers<br>• Schneller Transport zum Einsatzort<br>• Verbrauchsoptimierung | • Wirtschaftlichkeit<br>• Nur minimale Nacharbeit<br>• Optimales Arbeitsergebnis<br>• Keine Fehlbedienung, deshalb Sicherheit<br>• Bodenschonung<br>• Geringere Ermüdung des Fahrers |
| • Elektronik => Leistungsoptimierung | • Optimales Zusammenspiel zwischen Fahrgeschwindigkeit und Drehzahl an der Zapfwelle<br>• Service und Diagnose wie im PKW-Bereich | • Optimales Arbeitsergebnis<br>• Einfache Wartung |
| • Mechanische Differenzialsperre auf beiden Achsen zu 100 % | • Optimale Traktion durch gleichmäßige Kraftübertragung im Extremeinsatz (Eis, Schnee, nasse Böden) | • Hohe Wirtschaftlichkeit durch breites Einsatzfeld für multifunktionale Anwendungen<br>• Senkung der Unfall-und Reparaturkosten |
| • Tempomat im Arbeitseinsatz (Arbeitsstufen 3 + 4) | • Optimale Leistung am Arbeitsgerät durch exakte Konstantfahrt (Regelung statt Steuerung in Stufe 4) | • Entlastung der Fahrer<br>• Geringere Ermüdung<br>• Höhere Sicherheit<br>• Optimierter Kraftstoffverbrauch<br>• Besseres Arbeitsergebnis |
| • Niedriger Fahrzeugschwerpunkt | • Einsatz in Steillagen<br>• Geringe Durchfahrtshöhe | • Sicherheit<br>• Hohe Wirtschaftlichkeit durch breites Einsatzfeld für multifunktionale Anwendungen |

Abb. 15

In diesem Zusammenhang wird übrigens wieder deutlich, dass die Zeiten endgültig vorbei sind, mit Universalprodukten einen Gesamtmarkt bedienen zu wollen. Wer sich gesund ernähren will, erschrickt beim Blick auf die Kalorientabelle der Lecker-Produkte, während die Leckermäuler das Gesicht verziehen, wenn das Produkt zwar gesund zu sein verspricht, dafür aber fade schmeckt. Der allgegenwärtige Hyperwettbewerb hat tiefe Spuren im Konsumverhalten der Verbraucher hinterlassen. Darauf gilt es sich einzustellen, und zwar mit allen Konsequenzen!

Und noch ein wichtiger Tipp. Zwingen Sie Ihre Produktmanager, jedes Merkmal, in dem das Produkt angeblich besser sein soll als der Wettbewerb, als konkreten Vorteil zu formulieren, den der Kunde aus dieser Eigenschaft zieht und anschließend – das alles Entscheidende – den direkten Nutzen (»Benefit«), der sich aus diesem Merkmal ergibt (s. Abb. 15).

Diese einfache Tabelle zwingt Ihre Mannschaft dazu, sich wirklich Gedanken zu machen, welchen echten Nutzen die ach so tollen Erfindungen bieten. Nutzen kann sein, dass der Kunde Zeit und Geld spart, ein besserer Geschmack, dass das Produkt seiner Gesundheit förderlich ist, dass er mehr Sicherheit hat, dass er bei gewerblichen Gütern ein besseres Arbeitsergebnis erreicht und daher höhere Preise erzielen kann oder dass er etwas für den Umweltschutz oder zu Gunsten von Nachhaltigkeit im Wirtschaftszyklus tut.

Kunden kaufen Nutzen seit es Kunden gibt! Wenn der klar ist, kann argumentiert und verkauft werden. Ist der Nutzen hingegen nicht eindeutig, wird es schwierig, auch wenn die Entwickler noch so stolz auf ihr Produkt sind, so wie sie es normalerweise gerne sind. Und dann gibt es da noch eine ganz simple Regel: Kein Neuprodukt bitte, das nicht mindestens zwei innovative technische Merkmale besitzt, die einen für den Kunden unmittelbar erlebbaren, also leicht nachvollziehbaren Nutzenvorteil haben!

Wenn Sie so vorgehen, kann jetzt eigentlich nichts mehr schief gehen. Sie kennen Ihre Kunden und deren Bedürfnisse und Sie setzen Ihre gesamte Kreativität und Kompetenz ein, um diese Bedürfnisse besser zu befriedigen als alle Wettbewerber. Die Ergebnisse testen Sie mit Ihren Kunden in Workshops, Vergleichstests oder in Blindtests, je nach Branche, Produkt und Dienstleistung. Sie wollen doch sicher sein, den Punkt, den Sie für Ihre Zukunft brauchen, auch wirklich getroffen zu haben!

Jetzt kann eigentlich nur noch ein fundamentales Problem den Erfolg verhindern: Technologische Trendbrüche oder gravierende Veränderungen im Kundenverhalten oder Änderungen der rechtlichen Rahmenbedingungen getreu dem Motto: Was nützt die Optimierung des Otto- oder Dieselmotors, wenn die Kunden Elektroautos kaufen sollen oder wollen? Was bringen Verbesserungen bei mechanischen Kameras mit Filmrollen noch, wenn der Zug der Digitalfotografie rollt? Sollte es so sein, dann investieren Sie vermutlich in ein totes Pferd, mit allen fatalen Folgen.

Ich hoffe natürlich, dass Sie den Überblick in Ihrem Geschäft haben, ob solche Gefahren drohen. Wenn ja, heißt es erneut ganz von vorn zu beginnen: Wo könnten sich für uns neue Segmente ergeben, die wir bedienen können, weil unser angestammter Markt bald auslaufen wird? Unter diesem Vorzeichen ist die Frage eine existenzielle Herausforderung, die je nachdem, wie sie beantwortet wird, darüber entscheidet, ob Ihr Betrieb überhaupt noch eine Chance hat oder nicht.

Dabei möchte ich an dieser Stelle noch einmal auf eine Entwicklung ganz besonders hinweisen: Bis vor wenigen Jahren war es noch relativ leicht, sich durch nutzenorientierte Differenzierungen im Produkt zu profilieren. Das wird mittlerweile immer schwieriger, weil viele Anbieter sukzessive erkennen, wie man erfolgreiche Produktentwicklung professionell betreibt. Insofern werden Dienstleistungskonzepte rund um das Produkt zunehmend wichtiger. Die modernen Ergänzungsthemen, die hinsichtlich von Produkten berücksichtigt werden müssen, heißen Service, Finanzierung, Austauschkonzepte, Wartungsverträge und »Pay-per-Performance«. Ein wirklich weites Feld. Sämtliche Überlegungen aber haben den echten Bedürfnissen Ihrer Endkunden zu gelten!

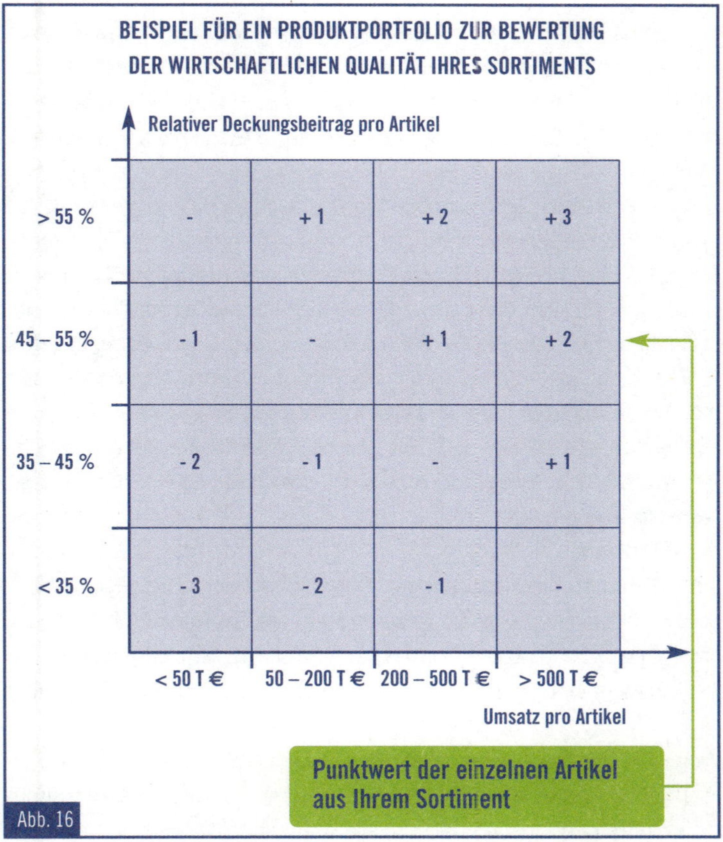


Abb. 16

Ein Leitsatz, der die Erkenntnisse für den Strategie-Baustein »Produkte« sehr gut auf den Punkt bringt: Erkenne das tatsächliche Problem Deines Kunden, löse es beweisbar besser als alle Anderen und Du kannst Deinen Erfolg nicht verhindern!

Indessen hat jede positive Entwicklungsrichtung auch ihren Preis. Für immer feiner segmentierte Märkte und immer spezifischere Produkte besteht er in der steigenden Produkt- und Sortimentskomplexität. Sie zu beherrschen, ist eine zentrale Aufgabe des Produktmanagements und der vorgelagerten Entwicklungsabteilung. Hier sind zwei Schwerpunkte zu beachten: Die Beherrschung der Komplexität in den Produkten selbst durch Modul-Bauweisen, Entwicklungen in Baukästen sowie Plattformstrategien sowie die Beherrschung der Artikelvielfalt im Grundsortiment.

Zu beiden Themen ließe sich beliebig weit ausholen. Wir tun es nicht. Ein Instrument zur Beherrschung der Komplexität des Gesamtsortiments, das zumindest Transparenz schafft, möchte ich Ihnen dennoch dringend empfehlen. Es geht darum, welche wirtschaftliche Qualität Ihr Produktportfolio hat. Lassen Sie Ihr Management doch mal die verkaufsfähigen Produkte der letzten drei Jahre in ein Portfolio mit den Achsen »Umsatz pro Artikel-Nummer« und »relativer Deckungsbeitrag pro Artikel-Nummer« eintragen: Je nachdem, wie groß Ihr Unternehmen ist und welche Profitabilität hinter Ihren Produkten steht, sollten Sie die Achsen anschließend skalieren (s. Abb. 16).

Jeder Verkaufsartikel lässt sich eindeutig einem Feld zuordnen und erhält so einen Punktwert. Am Ende summieren Sie die Punkte und erhalten einen Gesamtwert. Wenn Sie dies nun jährlich machen, erkennen sie, ob Ihr Sortiment wirtschaftlich an Stärke gewinnt oder abgenommen hat.

Wenn Sie jetzt noch Ihrem Marketing und Ihrem Vertrieb klare Ziele im Hinblick auf die künftige Entwicklung vorgeben, ist das Produktportfolio ein wunderbares Instrument, um die Mannschaft anzuregen, darüber nachzudenken, wie Deckungsbeiträge optimiert bzw. wie Umsätze gepusht werden können, um sich aus »Negativ-Feldern« in »Positiv-Felder« zu bewegen. Dabei gilt generell, dass Artikel, die länger als zwei Jahre in Feldern mit minus zwei oder gar minus drei Punkten landen, im Portfolio eigentlich nichts mehr verloren haben und eliminiert gehören (s. Abb. 17).

## PRODUKT: AUSRICHTUNG DES ANGEBOTS AUF DAS ZIELSEGMENT IM MARKT IN ACHT SCHRITTEN

1. Welches Kundensegment wollen wir mit unserem Angebot gezielt adressieren?

2. Welche kaufentscheidenden Faktoren (»Key Buying Factors«) sind für die Kunden im definierten Zielsegment bestimmend (Liste von 15 – 20 KBFs mit Bewertungsfaktoren, resultierend aus strukturierten Kundeninterviews)?

3. Wie erfüllen wir die KBFs im Vergleich zu den Hauptwettbewerbern? Welche Ziele leiten sich daraus für die Produktentwicklung auf Basis konkreter Messungen bzw. von Paneluntersuchungen, Labortests etc. ab?

4. Suche nach Möglichkeiten, um die TOP 5 KBFs deutlich besser zu treffen als die heutigen Angebote; Entwicklung diverser Alternativen; Erstellung von Prototypen, Test der Prototypen mit den Zielkunden; Auswahl der besten Alternativen gegebenenfalls Beantragung von Schutzrechten auf diese Lösungen.

5. Finale Produktentwicklung mit mindestens zwei bis drei Alleinstellungsmerkmalen pro Produkt, die in Bezug auf die »Key Buying Factors« beweisbare Vorteile und direkten Nutzen bieten.

6. Abgleich der neu entwickelten Produkte mit den Erwartungshaltungen der Zielkunden im Rahmen von »Benchmark Workshops«. Werden die Erwartungshaltungen getroffen? Wenn ja: Go. Wenn nein: Start einer Optimierungsschleife.

7. Welche Services rund um das Produkt sind erkennbar, die für den Kunden Nutzen stiften würden?

8. Wie entwickelte sich der Produktwert Ihres Produkt-Portfolios in den vergangenen fünf Jahren? Welchen Anteil Ihres Umsatzes machen Sie aktuell im Quadranten > + 2 Punkte? Ist dieser Anteil in den letzten fünf Jahren gestiegen oder gesunken?

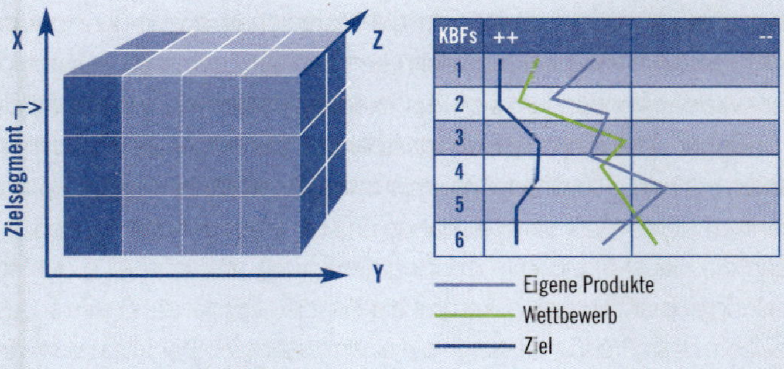


Abb. 17

## Dritter Strategie-Baustein: Preis-/Leistungsverhältnis

Sie merken es schon: Der Weg zur Spitzenleistung ist lang und steinig. Aber wenn es einfach wäre, wäre es eben auch keine Spitzenleistung. Also fahren wir mit unserem dritten »P« fort, mit den Preisen, besser gesagt mit dem Preis-/Leistungsverhältnis. Von allen zu erörternden Strategie-Bausteinen wahrscheinlich der Emotionalste und bezogen auf den unternehmerischen Erfolg, also auf den Gewinn, der Einflussreichste.

Warum? Weil eine einprozentige Preissenkung bei einer durchschnittlichen Umsatzrendite von 5 % und sonst gleichen Rahmenbedingungen über alle Umsätze hinweg den Ertrag um 20 % zurückgehen lässt. Lassen Sie sich auf 5 % Preissenkung über alles ein, ist Ihr Gewinn pulverisiert!

Zeigen Sie mir einen Hebel, der in der Unternehmensführung sonst noch so auf das Ergebnis durchschlägt wie der Preis. Was nach unten wirkt, wirkt glücklicherweise aber auch nach oben. Einer meiner Standardsentenzen lautet daher: Wirtschaft ist ein Spiel mit Macht. Die Märkte loten jeden Tag aufs Neue aus, wer was dringender als ein anderer braucht: Der Lieferant das Geld des Kunden oder der Kunde die Ware bzw. Leistung des Lieferanten.

Eine zentrale Aufgabe jeder erfolgreichen Unternehmensführung besteht daher darin, das Leistungsangebot so zu entwickeln, wie wir es in den beiden ersten Strategie-Bausteinen beschreiben, damit das Machtspiel nicht immer, aber doch sehr oft zu Gunsten des Lieferanten entschieden wird. Dabei gehe ich von einer normalen Konjunktur aus und nicht von globalen Krisen-Szenarien, wie wir sie zuletzt seit 2009 erleben.

Wenn die Hausaufgaben in der Segmentierung und in der Produktentwicklung gemacht wurden, kommt die Königsdisziplin, die Preise so festzusetzen, dass Preis und Leistung in einem wahrnehmbar fairen Verhältnis zueinander stehen. Was aber fair ist, entscheidet der Kunde anhand seiner »Key Buying Factors«, nämlich wie Sie die mit Ihrem Angebot erfüllen.

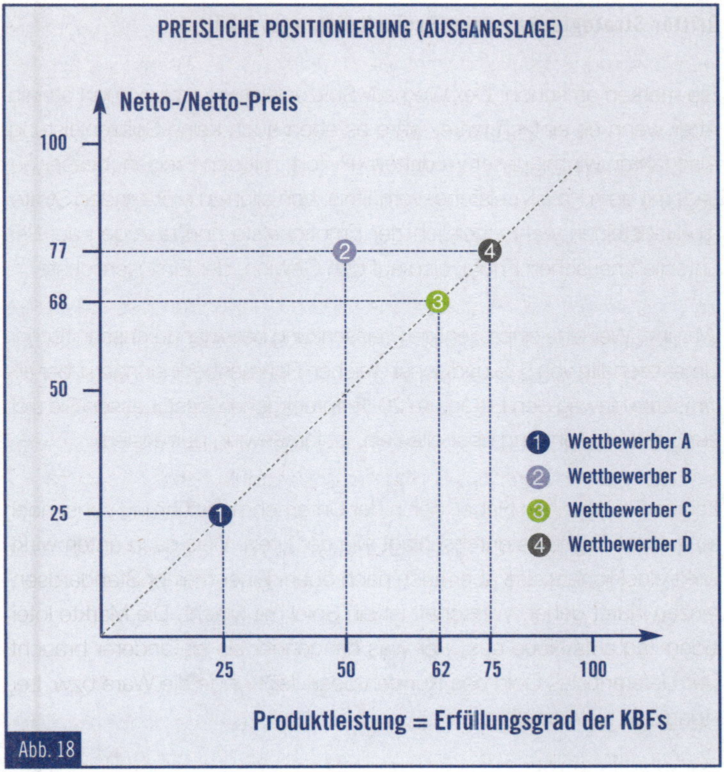

Abb. 18

Liegen Sie mit Ihren Preisen zu hoch, bleiben Sie womöglich auf Ihrem Angebot sitzen, zumindest aber werden Sie nicht die Mengen erreichen, die Sie sich vorstellen. Liegt der Preis zu niedrig, schöpfen Sie jedenfalls nicht Ihre verfügbaren Ertragspotenziale aus. Eventuell werden Sie aber auch so überrannt, dass Lieferzeiten entstehen, was sie zwingen könnte, unnötigerweise in neue Kapazitäten zu investieren. Die Ertragspotenziale haben wir ja schon, zumindest teilweise, im Zuge der Wettbewerbsanalyse erfasst und in Bezug auf die »Key Buying Factors« untersucht.

Idealerweise fasst man die Erfüllungsgrade der »Key Buying Factors« aller relevanten Wettbewerber in einem Leistungsindex zusammen, dessen Grenzen bei Minimum 0 und 100 im Maximum liegen. Die wichtigen »KBF« werden höher gewichtet als die unwichtigen. So ist für jedes Angebot ein Index-Wert zu ermitteln, der, möglichst sogar durch Kundenanalysen geprüft, die Positionierung des Angebots auf der Leistungsachse definiert. Diesem Resultat steht der aktuelle »Street Price« gegenüber, so dass Sie die zutreffende Ausgangslage für die preisliche Positionierung Ihres Angebots erhalten. Das Bild könnte so aussehen (s. Abb. 18).

Im vorliegenden Fall ergaben die Analysen der Kundenaussagen, dass das Produkt einen Erfüllungsgrad von 91 Index-Punkten erreicht. Daraus leitet sich die spannende Frage ab: Und wo wollen wir preislich hin? Ohne Transparenz ein schwieriges Unterfangen, mit unserer »Preis-/Leistungs-Karte« aber nicht allzu schwer. Es kommt darauf an, was wir wollen und welche Kostenposition wir für das Produkt haben.

Ideal wäre, wenn wir uns preislich in etwa auf das Niveau von ❸ legen könnten, also um 70 herum. Dann haben wir das absolut überlegene Produkt, das preislich auf dem Niveau des »Mittelmarkts« liegt und sogar noch 10 % günstiger ist als ❷ und ❹. Wenn wir das schaffen, räumen wir den Markt ab. Zumindest aber werden ❷ und ❹ gezwungen, ihre Preise um mindestens 20 % zu senken, sofern sie überhaupt noch eine Chance auf Zukunft haben wollen. Aber jetzt kommt natürlich das Controlling und legt die katastrophale Kalkulation bei diesem Preispunkt dar. Statt der üblichen 45 % Rohertrag sind dann gerade noch 33 % machbar. Was tun wir nun?

Weitsichtige Unternehmer schreckt das nicht wirklich. Sie gehen das Risiko ein, solange der Rohertrag eindeutig positiv ist, und bauen ihre Rohertragsposition im »Lifecycle« durch die systematische Senkung der Stückkosten und Preisanpassungen in kleinen Schritten schrittweise aus. So lässt sich das durchschnittliche Rohertragsniveau in fünf Jahren sehr wohl auch hier erreichen, nur eben nicht sofort. Dafür haben sie die Gewähr, dass sie relativ schnell hohe Stückzahlen bekommen und dadurch Skaleneffekte erzielen.

Der Wettbewerb wird natürlich auf diese Attacke reagieren. Im Regelfall nur über den Preis, weil kaum einer fertige neue Produkte in der Schublade hat, die er ziehen kann, wenn ein Neuer auf den Plan tritt. Diese Marktreaktion muss bedacht werden, und zwar insbesondere in der Kommunikation der eigenen Leistungsvorteile gegenüber dem Wettbewerber.

Sie werden sagen, das ist ja jede Menge Arbeit und Analyse-Kram. Lohnt sich der Aufwand denn? So viel Aufwand nur für ein Neuprodukt? Da lese ich, Melitta hätte mindestens 20 Mio. Euro für das Kaffee-Einzelportionen-Konzept »My Cup« versenkt. Was meinen Sie wohl, warum?

Weil die »Key Buying Factors« genau getroffen wurden? Weil das Preis-/Leistungsverhältnis optimal war? Wohl nicht! Hier wurde mit viel Aufwand ein Konzept entwickelt, das gegenüber bestehenden Systemen wie Nespresso und Senseo keinen Wettbewerbsvorteil hatte, auf Leistungsvorteile verzichtete und das ohne Markenleistung zu einem Preis, der gemessen an der durchschnittlichen Leistungsfähigkeit zu hoch war.

So schnell geht das. Die »Key Buying Factors« nicht ganz sauber herausgearbeitet und dann noch eine Preispositionierung gewählt, die zwar dem Controller gefiel, dem Kunden aber nicht. Und schwupp, sind mal eben Millionen Euro perdu! Nicht, weil man technisch versagt hätte. Die Technik ist in den seltensten Fällen für Flops verantwortlich. Sie ereignen sich, weil man anscheinend den »Analyse-Kram« gescheut hat, um wirklich zu verstehen, wie der Markt läuft und sich ein Bild zu machen, in welcher Preis-/Leistungspositionierung noch Platz für einen »Newcomer« ist. Vor allem aber hätte es mehr Aufwand verlangt, herauszufinden, wie sich das neue Produkt wirklich von den bestehenden Produkten differenzieren kann. Wenn das nicht klar ist, werden oft ganze Marketing-Stäbe verschlissen, weil sie sich eine Botschaft förmlich aus den Fingern saugen müssen, für die letztlich aber keine ausreichende Substanz vorhanden ist!

Weniger weitsichtige Unternehmen, oder besser: Unternehmer, denen der erforderliche Mut fehlt, wollen auf den üblichen Rohertrag nicht verzichten und positionieren ein Produkt preislich deutlich über den »idealen« 70. Aber es ist klar, je mehr wir die 70 nach oben verschieben, umso dünner wird die Luft, will heißen, umso kleiner fällt am Ende des Tages der Marktanteil aus. Alles über 90 ist jedenfalls »tödlich« für das Angebot, weil das Preis-/Leistungsverhältnis dann im neutralen Bereich liegt, und zwar am oberen Ende der Skala, also in der absoluten Nische.

In einer solchen Situation kann es vielleicht sogar sinnvoll sein, nochmals in die Produktentwicklung einzusteigen, um zu sehen, wo die hohen Kosten liegen. Eventuell lassen sich noch 5 oder 7 % holen, ohne den Erfüllungsgrad zu sehr nach unten zu treiben. Ein Wert von 88 bei einem Preis von 70 ist jedenfalls x-mal besser als ein Wert von 91 bei einem Preis von 85! So einfach ist das und doch so schwierig in der Praxis umzusetzen.

Übrigens: Für Wettbewerber »B« in unserem Beispiel wird die Luft ganz dünn. Wenn er sein Produkt nicht deutlich in Richtung Erfüllungsgrad 75 weiterentwickelt, falls er nicht ohnehin aus dem Markt ausscheiden will, wird er gezwungen sein, seinen Preis von derzeit 77 auf 50 oder noch darunter abzusenken. Ob das seine Kostenposition zulässt, wird dann sehr interessant. Es könnte für ihn darauf hinauslaufen, in der »Todeszone Mittelmaß« zu landen und zu enden!

Absolut beeindruckend aber ist, mit welcher Sicherheit auf Marktanteile einzelner Wettbewerber geschlossen werden kann, wenn das Preis-/Leistungsdiagramm transparent auf dem Tisch liegt. In unserem Fall teilen sich die Wettbewerber »A« und »C« mit Sicherheit die Marktführerschaft. »A« ist eindeutig Preisführer und hat je nach Bedeutung des Produkts vielleicht 15 oder 20 % Marktanteil. Für höhere Anteile sind die Produkte zu schlecht. Wettbewerber »C« trifft die Masse und ist obendrein noch günstiger als »B« und »D« und dürfte deshalb Marktführer sein. »B« ist eindeutig bedroht, während »D« im Premium-Bereich agiert.

Lieber Leser: Die guten alten Zeiten sind vorbei, in denen wir ein Produkt entwickelt und so kalkuliert haben, dass sich der Verkaufspreis mit Zuschlagsätzen plus Rabatten für den Handel plus Gewinnzuschlag ergab. Wer heute erfolgreich sein will, braucht volle Transparenz über seinen Markt, zuletzt dargestellt in Preis-/Leistungsbildern, die es ihm erlauben, Preis-/Leistungspositionen ausfindig zu machen, die noch Chancen auf nachhaltige zukunftsfähige Erfolg bieten. Alles das eingebettet in die strategische Grundausrichtung: Preisführerschaft oder Leistungsführerschaft!

Ich habe mir schon in den verschiedensten Märkten Preis-/ Leistungsbilder angesehen und war immer wieder fasziniert, welche klaren Aussagen aus ihnen abgeleitet werden konnten. Anders gesagt: Wie intelligent Einkäufer und Verbraucher sind, um den wahren Wert von Angeboten subjektiv zu bestimmen. Käufer haben heute einen unglaublichen Instinkt dafür, sicher beurteilen zu können, was sie als faires Preis-/Leistungsverhältnis empfinden und was nicht.

Käufer lassen sich auch nicht mehr von irgendwelchen schönen Werbebotschaften beeinflussen. Sie sind knallhart in ihrem Urteil: Ist das, was ich geboten bekomme, mein Geld wert oder nicht? Die Frage beantwortet sich spätestens, wenn sie erneut vor der Kaufentscheidung stehen: Was soll ich dieses Mal nehmen? War ich beim letzten Mal zufrieden? Hat das Produkt/die Dienstleistung meiner Erwartungshaltung entsprochen oder nicht? Wenn ja, warum soll ich nun etwas anderes kaufen? Wenn nein, dann probiere ich doch mal X oder Y aus! Kann ja nur besser sein!

Dieses Verhalten ist der Grund dafür, weshalb viele Neuprodukte in der Markteinführung vielleicht noch ganz passable Stückzahlen schaffen. Gestützt durch entsprechenden Werbedruck kommen die Stückzahlen anfangs gut. Dann aber entscheidet es sich: Kommt es zum »Re-Buy«, kommen also zufriedene Kunden wieder und kaufen erneut oder wenden sich die Erstkäufer enttäuscht von der Neuheit ab und kehren zu ihren angestammten Produkten zurück? Hier entscheidet sich die »Flop-Rate«! Wird die Erwartungshaltung der Neukunden durch das Preis-/Leistungsverhältnis gestützt oder nicht? Wenn ja, ist der Erfolg absehbar. Wenn nein, ist der (teure) Flop leider gewiss!

Wir haben bisber nur von der reinen Produktleistung gesprochen. Das Preis-/Leistungsverhältnis bezieht sich aber nicht nur auf sie, sondern es schließt auch das Dienstleistungsangebot sowie eine subjektiv wahrgenommene Markenleistung ein.

Marken sind mit ganz präzisen Assoziationen und Werten verbunden, die per se eine Leistungsfähigkeit darstellen. Einigen Herstellern von Konsumgütern ist es nur durch die geschickte Positionierung ihrer Marken gelungen, eine überlegene Markenleistung zu generieren, die sich in Begehrlichkeit der Marke und Kaufbereitschaft umsetzen lässt, ohne dass zwingend eine wirklich überlegene Produktleistung dahinter stehen muss.

Eine Handtasche von Gucci ist nüchtern betrachtet auch nur ein Transportbehälter, in dem ich einige Dinge verstauen und mitnehmen kann. Ob die Tasche funktional etwas taugt, ist eine Frage der Produktleistung. Welches Image mit der Tasche, mit dem Design und speziell mit ihrem Logo verbunden ist, ist eine ganz andere Frage, die letztlich aber die Markenleistung definiert.

Je »konsumiger« Produkte sind und je mehr sie im öffentlichen Leben herzeigbar sind, umso bedeutsamer ist die Markenwelt, die um Produkte herum aufgebaut wird. Je funktionaler, also auf praktischen Nutzen ausgerichtet Produkte sind, umso wichtiger ist die effektive Produktleistung.

Insofern hatte ich kürzlich einen Fall bei einem Hersteller von Verpackungsmaschinen, der mir Rätsel aufgegeben hat. Wir haben ordentlich unsere Hausaufgaben gemacht, die »Key Buying Factors« ermittelt und den Preisen gegenübergestellt. Aber die Interpretation dessen, was wir gesehen haben, fiel uns schwer: Obwohl wir nahezu die gleiche Leistung wie die beiden Hauptkonkurrenten boten und preislich sogar rund 10 % günstiger waren, hatten wir nur einen Marktanteil von weniger als 10 % erreicht. Da musste es irgendetwas geben, was wir übersehen hatten. Unlauteren Wettbewerb schlossen wir aus, da die besagten Konkurrenten Tochtergesellschaften seriöser Großunternehmen sind.

Die Erklärung war, gestützt auf Interviews mit »bekennenden« Wettbewerbskunden, eindeutig: Nicht die Produktleistung war entscheidend, sondern das Dienstleistungsangebot rund um das Produkt. In unserem Fall ein ausgeklügelter 24-Stunden-Service an sieben Tagen der Woche, in Verbindung mit anwendungstechnischen Labors, die maximal 100 km von den Hauptkunden entfernt waren. Diese Labors, die von Kunden meist kostenlos in Anspruch genommen werden konnten, erwiesen den Produktmanagern und den Werkleitern exzellente Dienste, da dort sehr schnell geklärt werden konnte, ob diese oder jene Verpackungsidee umsetzbar ist oder nicht. Dies hat zu einer so intensiven Kunden-/Lieferanten-Beziehung geführt, dass die Produktleistung eher sekundär und die Dienstleistungen rund um das Produkt primär kaufentscheidend wurden.

Diese Erfahrung habe ich auch später im Bereich von Investitions- bzw. Verbrauchsgütern immer wieder gemacht: Service und Dienstleistungen sind oft wichtiger als das eigentliche Produkt. Wir können damit zusammenfassen: Der optimale Preispunkt auf einem Markt ist nur zu ermitteln, wenn Produktleistung, Dienst-/Serviceleistung und Markenleistung bezogen auf die relevante Zielgruppe gegenüber allen wichtigen Wettbewerbern transparent sind, also in Erfüllungsgraden gemessen werden. Außerdem ist natürlich Transparenz zu schaffen im Hinblick auf die objektiv bezahlten Preise im Markt. Der Preispunkt ist dann in einer Zone festzulegen, in der das Preisdifferenzial idealerweise kleiner ist als das Leistungsdifferenzial zum Wettbewerb:

$$\frac{\text{Preisdifferenzial zum Wettbewerb}}{\text{Leistungsdifferenzial zum Wettbewerb}} = \text{min.!}$$

Ist dieser Preispunkt mit den gegebenen Kostenstrukturen nicht darstellbar, sollte das Angebot noch einmal überarbeitet werden, wobei es dann um den bewussten Verzicht auf bestimmte Leistungsparameter geht, oder man wird akzeptieren müssen, dass das Produkt nicht der erhoffte »Blockbuster« wird, der zu den gewünschten hohen Marktanteilen führt.

Ich kann Ihnen also nur empfehlen, von Zeit zu Zeit, vielleicht so alle drei Jahre, für Ihre Hauptprodukte sowie bezogen auf Ihre Zielkunden und Wettbewerber Preis-/Leistungsdiagramme erstellen zu lassen, um die Bewegungen im Zeitverlauf zu studieren. Sie werden überrascht sein, wie rasch sich gelegentlich Preis- und Leistungsdifferenziale verschieben und in wie kurzer Zeit man auf dem Markt vom Jäger zum Gejagten wird.

Das war in Sachen »Pricing« sozusagen die Pflicht. Die Kür besteht darin, gezielte Preisdifferenzierung zu betreiben, um den »Profitpool«, der rund um ein Angebot besteht, möglichst optimal auszuschöpfen. Hierzu zählen taktische Maßnahmen wie saisonales »Pricing«, Zusatzangebote wie Zubehör, die Preisstellung für Sonderwünsche oder Sonderfarben, aber auch die Preisstellung für Ersatzteile, klassische Verbrauchsmaterialien etc. Das ist ein spannendes Gebiet, über das sich gut ein eigenes Buch schreiben ließe, weshalb ich es hier nur anreißen will. Es ist die Kür, die viel Freude machen kann, nachdem die Pflicht erfolgreich dargestellt wurde.

Damit kommen wir zu einem zweiten großen Themenkomplex, der hinter unserem dritten Strategie-Baustein steht: Das Preis- und Konditionssystem. Einer der am meisten vernachlässigten Entscheidungsbereiche in vielen Unternehmen. Die Seite der Endkunden decken wir dadurch ab, dass wir den Netto-»Street«-Preis zur Ermittlung der Preis-/Leistungsverhältnisse als Basisinformation nehmen. Was aber landet vom »Street«-Preis letzten Endes in Ihrer Kasse? Wie viel kassieren der Importeur, der Vermittler und der Händler? Wie ist überhaupt Ihre Preisliste aufgebaut?

Ich kenne Branchen, die arbeiten immer noch mit einer Brutto-Preisliste, auf die der Händler bis zu 85 % (!) Rabatt erhält, außer anderen Boni, den Skonti und sonstigen Erlösschmälerungen. Klar, dass ein solches System den Handel geradezu zwingt, seinen Kunden ebenfalls wieder Rabatte einzuräumen, die in die 50er oder 60er Kategorie kommen oder noch höher liegen. Am Ende aber zählt für den Endkunden, wie wir gesehen haben, der Netto-Preis, den er tatsächlich zu zahlen hat und nicht irgendwelche Phantom-Brutto-Preise, die mit der Realität nichts zu tun haben.

Klar ist, dass ein System mit überhöhten Brutto-Preisen alle Betroffenen dazu bringt, zu jammern und sich völlig ungerecht behandelt zu fühlen. Die Endkunden, weil sie nie genau wissen, wo sie wirklich dran sind mit dieser Marke. Weil ein paar Telefonate reichen, um unterschiedliche Preise genannt zu bekommen, mit dem Effekt, dass die Seriosität der Marke leidet. Der Handel, weil er gegenüber seinen Wettbewerbern permanent unter Druck steht, was dazu führt, dass die Rabatte förmlich inflationieren und sich niemand mehr für den eigentlichen Preis, sondern nur noch für die Höhe des Rabatts interessiert, was wiederum katastrophalen Auswirkungen auf die Rentabilität des Handelsgeschäfts haben kann. Und zum Schluss natürlich auch der Hersteller, weil er sich ständigen Anfeindungen ausgesetzt sieht, endlich noch mehr Rabatte zu geben, da er nicht mehr wettbewerbsfähig sei und Kunden an andere Anbieter verliere.

Sie merken schon, ich bin kein Freund solcher Preis- und Konditionssysteme, weil sie am Ende nur Verlierer produzieren und bei Markenunternehmen zum Ansehensverlust der Marke führen.

Die vernünftige Alternative ist ein Netto-Preis-System, das weitgehend auf dem Prinzip »Leistung und Gegenleistung« basiert. Die Herstellerpreisliste für Endkunden beziffert den verbindlichen Preis! Von kleinen Abweichungen im einstelligen Prozentbereich einmal abgesehen. Der Händler erhält vom Hersteller seine Vergütung dafür, dass er für den Hersteller etwas tut. Dabei geht es nur in geringem Maße um das Volumen, das er bewegt. Viel wichtiger sind die qualitativen, substanziellen Leistungen wie Präsentationen im »Showroom«, Schaufenster-Dekorationen, Serviceleistungen für den Endkunden, etwa Beratung, die Erstellung von Berechnungen und Planungen, je nach Branche. Hinzu kommen die Qualität und die Qualifikation des Verkaufspersonals, die Durchführung und die Begleitung von Werbemaßnahmen, aber auch, wie viele Wettbewerbsfabrikate aus derselben Warengattung im Sortiment geführt werden.

Diesbezüglich überrascht mich immer wieder, wie einfältig solche Konditionssysteme oft aufgebaut sind. Da gibt es eine kleine Tabelle, in der Umsatzklassen abgebildet sind, versehen mit den entsprechenden Rabattsätzen. Und wenn man dann einmal die Auswertung für das letzte Jahr analysiert, erkennt man zum großen Entsetzen aller bald, dass die Tabelle zwar auf dem Papier steht, dass die Realität aber ganz anders aussieht. In der Praxis steht der altgediente Außendienstler dem mächtigen Händler gegenüber, von dem er heute noch einen Auftrag haben will und muss ihm erklären, dass er in der Kondition leider zurückgestuft werden soll, weil er sein Umsatzziel im letzten Jahr verfehlt hat.

Ich denke, Sie sind Unternehmer genug, um zu ahnen, wie das ausgeht: Natürlich knickt der Außendienstler ein, wie übrigens auch schon im letzten Jahr, und der liebe Händler behält seine Kondition, obwohl er nur noch die Hälfte des Umsatzes von vor drei Jahren macht! Wer so agiert, muss sich weder darüber wundern, dass seine Marke an Stoßkraft verliert, noch darüber, dass die Erlösschmälerungen in % vom Umsatz wachsen.

Hier gibt es nur ein Rezept: Wenn Ihr Angebot stimmt, müssen Sie mit Konsequenz dafür sorgen, dass Ihre Konditionenpolitik umgesetzt und ohne Ausnahme durchgesetzt wird! Das dürfen Sie nicht Ihrem Außendienstler überlassen. Da braucht es klare Vorgaben auf Basis von Zahlen, Daten und Fakten! Und in hartnäckigen Fällen muss eben der Verkaufsleiter oder der Geschäftsführer mit zum Händler fahren, um ihm die Situation zu erläutern bzw. um den Vorgaben zu Autorität zu verhelfen.

In der Praxis scheitern viele gute Ansätze am fehlenden Mut und an der fehlenden Konsequenz, seinem System Respekt zu verschaffen. Natürlich ist das die Machtprobe, aber das haben Sie ja schon von mir gehört: Wirtschaft ist ein Spiel mit Macht. Wenn Sie gut gerüstet sind und etwas bieten, das der Händler sonst so nicht woanders bekommt, können Sie sich getrost auf diesen Kampf einlassen. Sie werden ihn am Ende gewinnen, auch wenn dieser Kunde einstweilen mal ein paar Monate lang nicht bestellt. Umso größer die Freude, wenn man sich danach wieder Treue und Freundschaft schwören kann, und zwar auf der Basis Ihrer Konditionen. Das ist entscheidend. Nur das.

Setzen Sie sich doch mal mit Ihren Vertriebsprofis an den Tisch und überlegen Sie ganz genau, welche Leistungen Sie konkret von Ihren Händlern erwarten und wie Sie diese Leistungen vergüten können und wollen. Hierbei spielen natürlich die Branche und Ihre Marktstellung die entscheidende Rolle. Sie müssen das Thema aber angehen und natürlich auch turnusmäßig überprüfen. Meine Empfehlung ist alle zwei bis drei Jahre

Nehmen wir noch mal Holder, den bereits eingeführten Hersteller von Traktoren für den Kommunalbereich, mit denen gekehrt, gemäht, gemulcht und Schnee geräumt wird. Diese Firma vertreibt ihre Fahrzeuge im In- und Ausland über Händler, die Gebietsschutz genießen. Es gibt vier namhafte Wettbewerber, sehr unterschiedlich positioniert. Der Hersteller ist eindeutig Leistungsführer in seinem Segment. Was glauben Sie, worauf kommt es in diesem Geschäft nun an? Welche Faktoren müssen sich in einem leistungsorientierten Konditionensystem wiederfinden?

- Es geht um die Ausschöpfung des regionalen Potenzials. Hier helfen Zulassungsstatistiken (die es leider in den meisten Märkten nicht gibt), um den regionalen Marktanteil der Händler zu ermitteln. Also vergüten wir den Zugewinn an Marktanteilen mit Konditionspunkten.

- Fahrzeuge dieser Kategorie lassen sich nicht über Prospekte verkaufen. Sie müssen probegefahren und getestet werden. Also geht die Zahl der Vorführfahrzeuge und der abgehaltenen Vorführungen ebenfalls in die Kondition ein.

- Kommunaltraktoren müssen funktionieren, das heißt, dass sie bald zu reparieren sind, wenn mal ein Problem auftaucht. In der Konsequenz gibt es für eine Werkstatt mit 24-h-Service und exzellent geschultem Personal ebenso Konditionen wie für eine vorgegebene Ersatzteilhaltung.

- Da es sich bei dem Anbieter um ein Traditionsunternehmen handelt, das viel Geld in eine moderne Fertigung und in einen Test-Parcour investiert, möchte der Hersteller, dass möglichst viele Endkunden, also Bauhofleiter, Lohnunternehmer und deren Fahrer ins Werk kommen, um die Fahrzeuge live zu erleben und so eine emotionale Bindung zur Marke herzustellen. Dies ist ein weiterer Leistungspunkt im Konditionssystem: Wie viele qualifizierte Endkunden bringt der Händler für einen Tag an den Stammsitz des Unternehmens?

Klar ist, dass Sie die Leistung Ihres Absatzmittlers natürlich anders vergüten müssen, wenn Sie Marktführer in Ihrem Segment sind oder in einem wenig wettbewerbsorientierten Segment arbeiten, als wenn Sie sich mit einer klassischen »Mittelposition« im Verdrängungswettbewerb gegen 15 andere Hersteller behaupten bzw. durchsetzen müssen. Hier haben die Marktführer eindeutig Vorteile in den Konditionen, die sich natürlich in der GuV-Rechnung niederschlagen.

Dass sich im Grunde genommen sinnvolle Sachen wie ein leistungsorientiertes Konditionssystem auch pervertieren lassen, habe ich im Lebensmittel-Einzelhandel erlebt. Auf der Suche nach neuen Ertragsquellen im Kampf um die günstigsten Preise gegenüber dem Wettbewerb werden die abstrusesten Konditionen erfunden, die am Ende dazu geführt haben, dass vom ursprünglichen »Street-Price« für den Konsumenten beim Produzenten gerade noch 50 % übrig geblieben sind.

Konkret: Von der Packung Kekse für 1,99 € ist im Handel 1 Euro »verschwunden«, während nur noch 0,99 Euro zum Produzenten gelangten. Das sind Merchandising-Gebühren, Listungsgebühren, Gemeinschaftswerbung, »Special Promotions«, Frachten, Entsorgungskosten und was nicht sonst noch alles erfunden wird, um den Machtkampf zwischen Industrie und Handel zu füttern und zu führen.

Teilweise geht der Wildwuchs so weit, dass große Filialisten selbst wieder Berater brauchen, die ihre Konditionsvereinbarungen nachfahren, weil sie selbst den Überblick verloren haben. Dies gilt vor allem dann, wenn neben den normalen Konditionen auch noch temporär gültige Boni für spezielle Anlässe vereinbart – manchmal muss man auch sagen: erpresst – wurden: Jubiläumsboni, Hochzeitsboni bei »Mergern«, Saisonboni etc. Der Kreativität sind hier anscheinend keine Grenzen gesetzt.

Ich kann von einem konkreten Fall berichten, in dem es einem Hersteller von Werkzeugen aller Art für Profi-Handwerker gelungen ist, seine Umsatzrendite nur durch die Anpassung des Preis- und Konditionssystems auf das Prinzip »Leistung und Gegenleistung« um drei Punkte zu steigern. Zugleich hat sich der Handel so für den Hersteller ins Zeug gelegt, dass auch dessen Marktanteil signifikant stieg. Voraussetzung dafür aber waren die klare und saubere Markt- und Markenpositionierung sowie Produkte, die, wenn auch nicht alle, wohl aber die wichtigen, über attraktive Alleinstellungsmerkmale mit beweisbarem Nutzenvorteil verfügten.

An diesem Beispiel konnte ich es selbst Jahre lang erleben und immer wieder nachvollziehen, wie eng und untrennbar die ersten drei Strategie-Bausteine aus unserem 10-P-Modell miteinander verwoben sind. Wenn ein »P« in dieser logischen Kette nicht stimmt, kann am Ende nichts Gescheites dabei herauskommen, jedenfalls keine Spitzenleistung! Ich denke, dieser Zusammenhang dürfte Ihnen inzwischen klar geworden sein.

Im dritten Strategie-Baustein »Preis« entscheidet sich, wer das Machtspiel von Angebot und Nachfrage gewinnt. Nur wenn ich ein überlegenes Angebot habe, das die kaufentscheidenden Faktoren meiner Kunden im Zielsegment trifft, habe ich eine Chance, meine persönlichen Vorstellungen beim Endkunden durchsetzen zu können. Dasselbe gilt dann auch für die Durchsetzung meiner eigenen Vorstellungen im Konditionssystem, sofern der Vertrieb über klassische Absatzmittler läuft. Ein armer Hund, der ein Produkt vermarkten muss, das weder preislich attraktiv ist noch über klare Alleinstellungsmerkmale verfügt, kann auf der Preis- und Konditionenseite am Ende nur verlieren!

Erlauben Sie mir am Ende dieses Kapitels noch einen Hinweis: Europa ist Realität! Sorgen Sie dafür, dass Ihre Endkunden-Preise und die Konditionssysteme nicht nur in Ihrem Heimatmarkt wettbewerbsfähig sind, sondern dass dies in jedem einzelnen Markt – speziell in Europa – der Fall ist. Das ist viel Arbeit, weil sich die Märkte zwischen Schweden und Spanien nach wie vor gewaltig unterscheiden. Trotzdem gelten überall dieselben Gesetzmäßigkeiten, so wie ich sie Ihnen vorgestellt habe.

Um die Entstehung eines »Grauen Markts« für Ihre Produkte zu verhindern, sollten die »Street«-Preise in Europa maximal in einer Bandbreite von +/- 5 % schwanken. Mehr ist gefährlich. Und trotzdem treffe ich immer wieder auf Unternehmen, die zwischen Polen und Portugal Preisunterschiede von 50 % und mehr erlauben. Das schafft Verwerfungen und sollte so schnell wie möglich ergebnisneutral in einen schlanken Korridor überführt werden, indem in einigen Ländern die Preise anzuheben und in einigen anderen Ländern die Preise zu senken sind.

Wenn Sie das nicht tun, zahlen Sie mit etwas Pech deutschen Händlern hohe Mengenrabatte, da Sie nicht ahnen, dass komplette LKW-Ladungen nach Polen verbracht werden, weil Ihre Mannschaft dort die Preise künstlich hoch hält. Mit der Konsequenz, dass Sie Ihre polnische Tochter subventionieren müssen, da die Umsätze dort nicht reichen, um die Fixkosten zu decken. Ein Spiel, das richtig Geld kosten kann, das Sie wohl sehr viel besser in die Produktentwicklung oder in andere nutzenstiftende Aktivitäten investieren.

Ich fasse zusammen: Je besser Sie Ihre Hausaufgaben in der Segmentierung, vor allem aber in der Entwicklung Ihres Leistungsangebots machen, je überlegener also Ihr Angebot ist, umso entspannter können Sie mit dem dritten Strategie-Baustein verfahren.

Große, sehr erfolgreiche Markenartikler wie Ferrero, Danone, Néstle, Procter & Gamble, aber auch Red Bull oder Lindt & Sprüngli machen vor, wie es geht, im Machtkampf mit Edeka, Rewe, Metro, Tesco, Carrefour und den anderen Großen nicht unterzugehen und auch noch ordentlich Geld zu verdienen. Nicht, weil diese Anbieter besser verhandeln können oder weil sie die besseren Beziehungen haben. Nein, nur weil sie überlegene Produkte und Leistungen bieten. Darauf kommt es an. Unter diesem Vorzeichen geht es beim »Pricing« darum, seinen verfügbaren Profitpool optimal auszuschöpfen (s. Abb. 19).

**DER WEG ZU LEISTUNGSGERECHTEN PREISEN FÜHRT ÜBER SECHS STUFEN**

1. Welchen Erfüllungsgrad erreicht unser Leistungsangebot in Bezug auf
   - Produktleistung
   - Dienstleistung/Service
   - Markenleistung

   gegenüber unseren Haupt-Wettbewerbern?
2. Welche Netto-Netto-Preise werden aktuell für unsere eigenen Leistungen bzw. für die unserer Wettbewerber am Markt von Endkunden bezahlt?
3. Wie sieht das Preis-/Leistungsbild aktuell aus?
4. Wo sollen/können wir uns preislich positionieren, um das Preis-/Leistungsverhältnis zu minimieren?
5. Im mehrstufigen Vertrieb:
   Welche konkreten Leistungen erwarten wir von unseren Handelspartnern?
   Wie werden die einzelnen Leistungen im Rahmen des Konditionsmodells vergütet?
6. Wie konsequent wird das, was vereinbart ist, in der Praxis realisiert?
7. Sind »Street Price« und Konditionssysteme in den Ländern Europas so aufeinander abgestimmt, dass sie wettbewerbsfähig sind und kein »Grauer Markt« entsteht?

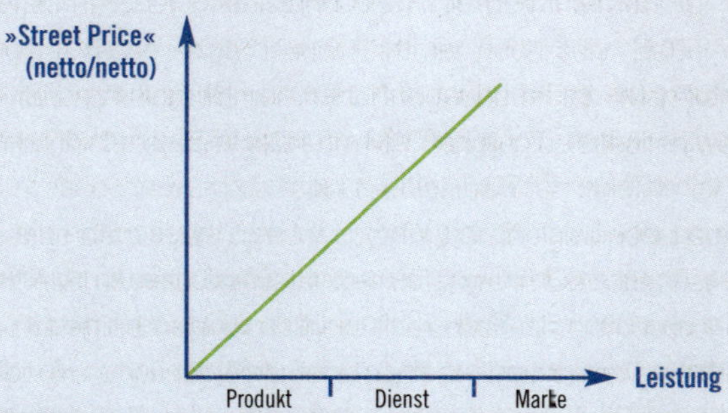


Abb. 19

## Vierter Strategie-Baustein: »Places«

»Ja, wissen Sie, wenn unser Vertrieb doch bloß...« Sie kennen das! Keine Firma, in der nicht immer wieder über den Vertrieb geklagt wird. Dabei ist es völlig belanglos, welche Vertriebsform Sie antreffen. Ob Direktvertrieb, Handelsvertrieb, Online, immer dasselbe: Effizienzprobleme der Außendienstmannschaft, träge Händler und im Internet der Kampf mit technischen Störquellen, die einen manchmal verzweifeln lassen können.

Ich habe nicht vor, mit Ihnen die Vor- und Nachteile der verschiedenen Vertriebsformen durchzudeklinieren. Da gibt es grundsätzlich kein »richtig« oder »falsch«. Mir geht es hier um einige prinzipielle Dinge, die hilfreich für Sie sein dürften. Vor allem denke ich, dass es entscheidend ist, ob sich der Inhaber bzw. der Geschäftsführer der Position seines Unternehmens und seiner Leistungsangebote umfassend bewusst ist. Sonst geht er mit Erwartungshaltungen in den Vertrieb, die völlig überzogen oder völlig ungenügend sein können. Hier ist absoluter Realismus gefragt.

Erfolgreicher Vertrieb ist zunächst eine Machtfrage! Das hört sich brutal an und ist es auch. Ich habe das weiter oben schon einmal gesagt: Die eigene Marktposition im Spiel der Kräfte gipfelt in der schlichten Frage: Wer braucht wen oder was akut mehr? Der Produzent oder der Dienstleister das Geld der Händler bzw. der Endkunden oder die Händler bzw. die Endkunden womöglich die Produkte oder Leistungen des Anbieters?

Die Beantwortung dieser Frage ist von zentraler Bedeutung. Sie entscheidet über das weitere Vorgehen beim Strategie-Baustein »Places«. Ich habe die Reihenfolge der Bausteine ja extra so gewählt, dass zuerst die Positionierung des Leistungsangebots klar sein muss, dann die Einzigartigkeit des Angebots im Sinne seiner nutzenorientierten Alleinstellungsmerkmale und dann die Preis-/Leistungspositionierung gegenüber dem Wettbewerb in Verbindung mit einem leistungsorientierten Konditionensystem. Alle drei Bereiche zusammen sind unter allen Gesichtspunkten ganz wesentlich zur Klärung der Macht in einem Markt.

Wenn Sie sich mit Ihrem Unternehmen in einem wirtschaftlich attraktiven Segment bewegen, also mit Produkten oder Leistungen, die klare Vorteile gegenüber den Konkurrenzangeboten bieten und wenn Sie diese dann auch noch preislich wettbewerbsfähig positioniert haben, wird Ihr Vertriebskonzept ganz anders aussehen müssen, als wenn Sie in einem unattraktiven Marktsegment mit einem kaum profilierten Leistungsangebot unterwegs sind, das womöglich auch noch zu teuer ist, jedenfalls in Relation zu den entsprechenden Wettbewerbsangeboten.

Insofern unterstelle ich einfach, dass Sie Ihre Hausaufgaben gemacht haben und im Vertrieb richtig aufgestellt sind. Schließlich haben Sie sich ja schon zu Beginn unserer Befassung mit Strategie und operativem Geschäft für die Spitzenleistung entschieden. Sonst würde ich Ihnen raten, noch einmal mit dem ersten Kapitel des Buches zu beginnen, da Sie das, was Sie in der Erarbeitung der ersten drei Bausteinen eventuell versäumt haben, nicht mit den noch folgenden Bausteine kompensieren können.

Wir befinden uns also in einer starken Position und müssen es jetzt noch schaffen, unsere Truppen zu mobilisieren. Der erste Schritt im Baustein »Places« besteht darin, zu prüfen, ob Ihr Vertrieb, und zwar egal, ob Direktvertrieb oder Handel, das in der Positionierung festgelegte Segment auch richtig trifft. Das hört sich trivial an, ist es aber nicht. Nehmen wir einen Hersteller von Fitnessartikeln, der Handgeräte, Dehnbänder, Gewichte und ähnliche Dinge macht. Nennen wir ihn Activit AG. Sein Angebot richtet sich im Design gut gelungen an aktive Menschen mittleren Alters, die gesund bleiben wollen, indem sie Sport treiben und sich bewegen.

Die erste Analyse zeigt, dass die Vertriebsmannschaft 60 % ihrer Zeit in Sanitätshäusern verbringt, die bisher auch etwa 60 % des Umsatzes gedeckt haben. Also alles in bester Ordnung! Haken dran, wir sind doch gut!

Sind wir aber leider nicht, weil eine intensive Befragung der Kunden der Activit AG herausbringt, dass diese nur über große Umwege zu ihren Produkten fanden. Viele kamen gar nicht auf die Idee, gesundheitsförderndes Equipment in einem Sanitätshaus nachzufragen. Dorthin gehen die meisten Verbraucher erst, wenn schon was weh tut und wenn man Hilfsmittel braucht. Hier sucht man keine Gesundheits-»Pusher«. Der Rollator neben dem »Jane-Fonda-Body-Fit«-Gerät: Das passt nicht zusammen. Das immerhin hatten die Verantwortlichen der Activit AG irgendwann auch erkannt. Aber wohin gehen die Leute denn dann, die man gern als Kundschaft hätte? Ein Teil von ihnen geht in Fitnessstudios, ein anderer Teil begibt sich aus alter Gewohnheit ins Sportgeschäft. Sportgeschäft! Aber da waren wir ja noch nie! Wie soll das denn gehen?

Ja, lieber Leser, jetzt sind wir mitten im Vertrieb: Bei »Places«. Hier fängt die Knochenarbeit an! Diese Aussage nimmt der ein oder andere von Ihnen vielleicht sogar als Unverschämtheit wahr. So ist es nicht gemeint. Mir wurde als Berater und Coach diesbezüglich sogar mal unterstellt, keine Ahnung zu haben. Also haben wir unsere Kundenbefragung daraufhin noch etwas spitzer formuliert und potenzielle Kunden einbezogen, die ins Zielsegment passen, aber noch keine Activit-Produkte besaßen.

Das Ergebnis war mehr als erstaunlich: Wir konnten ein Potenzial identifizieren, das in etwa beim Vierfachen (!) des aktuellen Umsatzes lag, und das nur deshalb nicht erschlossen wurde, weil die potenziellen Kunden gar nicht wussten, dass es den Anbieter Activit überhaupt gibt bzw. welche wunderbaren Produkte er vertreibt. Alle diese Menschen wären nie auf die Idee gekommen, in Sanitätshäusern nach Fitnessgeräten zu forschen.

Was nützen also die tollste Positionierung, die beste Segmentierung, erstklassige Produkte und ein exzellentes Preis-/Leistungsverhältnis, wenn die falsche Vertriebsschiene bedient wird, die eher eine Sackgasse als eine Autobahn zum Kunden ist? Der Vertrieb ist exakt auf die Orte abzustimmen, die für die relevante Zielgruppe »most likely« sind, wenn Sie nach etwas Ausschau hält. Die Mühe, diese Orte zu ermitteln, lohnt sich sehr!

Aber wie kam es überhaupt dazu, dass die Activit im Vertrieb so strikt »sanitätslastig« war? Ganz einfach: Das Unternehmen hatte eine lange

Historie im Bereich Bandagen und Hilfsmittel für Bandscheibenleiden. Klar, dass hier der Kanal »Sanitätshäuser« historisch betrachtet bevorzugt war.

Der Vertrieb hatte es nur versäumt, sich auf neue Kanäle einzustellen, während sich das Produktprogramm immer mehr in Richtung »Fitness«, Vorbeugung und Training verschob. Niemand hatte bemerkt, dass man falsche Pfade beschritt. Das Geschäft lief halt irgendwie. Über Potenziale, wie es noch viel besser laufen könnte, machte sich keiner Gedanken.

Im Übrigen ist es natürlich für Mitarbeiter im Außendienst viel angenehmer, zum gewohnten »Schmäh« mit Kunden zu gehen, die man seit ewigen Zeiten kennt, statt in anderen Vertriebszweigen »Klinken zu putzen«, um Neugeschäft aufzubauen. Dieser Pioniergeist kommt vielen Außendienstlern abhanden. Sie wählen früher oder später den bequemen Weg.

Eine nachhaltige Neuausrichtung im Vertrieb kommt also meist nicht um die Runderneuerung des handelnden Personals herum. Dann freilich können die Ergebnisse wie bei der Activit AG überzeugen: Der Umsatz wurde in nur fünf Jahren verdoppelt, wobei der Umsatzanteil der Sanitätshäuser markant fiel. Im Übrigen wurde der Bekanntheitsgrad der Marke stark gesteigert. Dank des höheren Umsatzvolumens wurden Marketingkampagnen machbar, die vor Jahren noch völlig undenkbar waren. Kurz: Die Spirale dreht sich nach oben. Das ist die richtige Richtung!

Dieses Beispiel illustriert den zweiten Grundsatz bezüglich der »Places«: Nur der »Fit« von Zielkundensegment und Endkunden bringt das optimale Resultat. Wenn es hier nicht passt, bleiben hoch interessante Potenziale auf der Strecke! Ein Problem, mit dem vor allem technologiegetriebene Unternehmen kämpfen. Da sie meist eine Basisinnovation im Hause haben, bieten sich ihnen oft mehr Chancen als sie ausschöpfen können. Manche sehen dann vor lauter Möglichkeiten den Markt gar nicht mehr.

Auch hierzu ein Beispiel: Ein Unternehmen der Industrieautomatisierung hat ein besonders effizientes System für kleine Greifer in Fertigungsprozessen entwickelt, die manuelle Handlings-Operationen kostengünstig ausführen können. Die Einsatzgebiete solcher Greifer sind sehr vielseitig. Sie werden im klassischen Maschinenbau, in der Lebensmittelindustrie, in der Verpackungsindustrie, in der Fertigung von Automobilteilen, aber natürlich auch in der Elektrotechnik, in der Micro-Elektronik und sogar in der Pharmaindustrie gebraucht. Der arme Vertrieb! Wohin soll er denn nun gehen? In welcher Branche sind welche Vorteile am begehrtesten?

Eine Mini-Truppe von drei oder vier Mann soll auf einmal die Märkte erobern, ganz zu schweigen vom Ausland. Wer setzt sich denn da hin und macht erst mal die Potenzialeinschätzung? Wer überlegt sich nüchtern und strategisch, wo er in einem vernünftigen Zeitfenster den größten aller Schätze heben kann? Im Regelfall wird einfach losgelegt und dort begonnen, wo man bekannt ist und Kontakte hat. Das muss zunächst auch nicht schlecht sein, doch nach den ersten Erfahrungen und Erfolgen muss eine Phase des Nachdenkens kommen. Wo liegt denn wirklich das größte Absatz- und Umsatzpotenzial auf dem Weg zu meinen Zielkunden?

Das ist der dritte Schritt im Baustein »Places«: Schätzen Sie das Absatzpotenzial Ihrer verschiedenen Vertriebskanäle genauestens ab! Und: Konzentrieren Sie sich auf die Kanäle, die Ihnen die beste Relation hinsichtlich des Potenzials und dem Aufwand zu seiner Erschließung bieten. Nur wenn Sie hier wirklich systematisch vorgehen, werden Sie die Umsatz- und Ergebnischancen für Ihr Unternehmen nachhaltig optimieren.

Ich denke, dass ist der zentrale Punkt in der Vertriebsarbeit, dass Sie es nämlich nicht mehr nur Ihrem Außendienst überlassen, wohin er geht, sondern dass Sie ihm detailliert vorgeben, wohin er gehen soll, weil Sie über Ihre kleine, feine Abteilung »Market Intelligence« die Potenziale der jeweiligen Kunden präzise recherchiert und dadurch herausgefunden haben, wo sich ein Besuch in welchem Rhythmus lohnt und wo wohl nicht. Der Mann im Außendienst ist ja meist nicht der geborene Marktforscher und Analytiker. Er wird Ihnen bisweilen sogar dankbar sein, wenn Sie ihm seine Kontaktaufgaben voraufbereiten und die Perlen an die Hand geben.

Wenn sich die Kunden dann auch noch in ihren Branchen und Anwendungen ähneln, wird der Außendienstler rasch zum willkommenen Spezialisten, der Ihre Kunden gut berät, weil er deren Anwendungsbedarf bereits mehrfach an anderer Stelle so oder so ähnlich bedient hat. So entstehen neue Cluster und Synergien in der Vertriebsausrichtung, die Effizienz mit hoher Problemlösungskompetenz verbinden. Die Voraussetzung für all dies aber ist: Eine mutige Entscheidung zu treffen, sich auf wenige wirklich attraktive Segmente zu beschränken, die daraufhin flächendeckend und mit hoher Intensität in die Bearbeitung genommen werden.

Hierzu noch eine Ergänzung aus der Praxis: Ich kenne einige Unternehmen, die in einer oder zwei Branchen ganz hervorragend etabliert sind und gute Geschäfte machen. Dann aber kommt auf einmal ein neues Produkt hinzu, dessen Potenzial in einer dritten Branche liegt, in der man so gut wie nicht vertreten ist. Nehmen wir einen Kompressor-Hersteller, der im Handwerk einen Namen hat und nun ein Gerät erfindet, das sich bestens für den Medizinbereich eignet, genannt Medic-Air. Absolut reine Luft bei optimaler Steuerung des Luftstroms und der Druckverhältnisse!

Was macht ein solcher Unternehmer spontan? Klar: Das soll der Vertrieb eben auch noch mit verkaufen. Es läuft ja sonst prima. Die Verkäufer haben bestimmt die Zeit, das Produkt nebenbei zu propagieren. Meist versehen mit dem Ratschlag, auf dem Weg zu Bestandskunden ein paar Neukunden, hier Zahnärzte und Krankenhäuser, en passant zu erschließen.

Liebe Leser, das sind Wunschträume aus »Alice im Wunderland«! Ich habe noch nie erlebt, dass das »Mitverkaufen« bei fremden Kunden oder in fremden Branchen funktioniert hat. Aber diese Fiktion scheint unausrottbar zu sein. Der Fehler wird immer und immer wieder gemacht! Aber was passiert, wenn Sie als Unternehmer nach sechs oder zwölf Monaten erkennen, dass die Zahlen nicht erfreuen? Genau, der Druck auf den Vertrieb wird erhöht. Gewürzt mit der spitzen Bemerkung: »Die wollen offenbar nicht. Da müssen wir wohl nachhelfen.« Oft auch mit dem »Zuckerbrot«, dass neue Umsätze höher provisioniert werden sollen als die alten!

Was passiert dann? Klar, jetzt hat es jeder begriffen: Es wird ernst. Wir müssen etwas tun! Also werden fleißig Besuche geplant und realisiert, um endlich voranzukommen. Dabei stellt sich dann endlich heraus, dass die Anforderungen in der neuen Branche ein bisschen anders sind als bisher und dass man da und dort Versuche unternehmen und natürlich auch noch mal beraten und alles nochmal erklären muss, und zwar einem neuen Einkäufer, Techniker oder Projektleiter.

Die Zeit verrinnt, man gräbt sich in die Branche ein, dann plötzlich der Notruf der Zentrale: Unsere Umsätze sinken im Stammgeschäft! Ein Wettbewerber setzt uns zu. Wir müssen uns sofort, und zwar dummerweise gerade jetzt, wo es in der neuen Branche einigermaßen läuft, voll und ganz auf unser Kerngeschäft konzentrieren, bevor uns hier etwas anbrennt!

Was lernen wir daraus? Unstrategisches Mitverkaufen auf fremden Gebieten hat noch nie funktioniert! Das ist die klare, eindeutige Botschaft!

Wenn Sie vom Potenzial eines Zielsegments, von Endkunden oder von Händlern wirklich überzeugt sind, kommen Sie nicht umhin, in das Zielsegment zu investieren. Sonst lassen Sie es besser bleiben! Weil es das Teuerste für Ihr Unternehmen ist, das bestehende Geschäft zu vernachlässigen, weil sie ihre Kapazitäten dafür einsetzen, an anderer Stelle etwas aufzubauen. Und noch etwas: Geben Sie der Mannschaft, die Neues betreiben soll, Zeit, um den Markt zu entwickeln. Ein Kalb braucht zwei Jahre, bis es Milch gibt, ob wir uns nun auf den Kopf stellen oder nicht.

Damit kommen wir zu drei Verhaltensregeln, die sich in meinen Erfahrungen mit Vertrieben bestätigt haben. Ihre Einhaltung ist nicht immer leicht, doch der Versuch, dem entsprechend zu handeln und zu arbeiten, ist stets gerechtfertigt. Alle drei Verhaltensregeln nehmen wesentlichen Einfluss darauf, ob Ihr Vertrieb effizient ist, ob er also Geld verdient oder nicht!

Sie gelten sowohl für den Direktvertrieb als auch für den Vertrieb über Händler. Die erste Regel lautet: »Den Verkäufer vor sich selber schützen«!

Was heißt das nun wieder? Es heißt, dass Sie als Unternehmer oder Geschäftsführer dafür Sorge tragen müssen, dass der von Ihnen festgelegte Preis auch tatsächlich in der Kasse landet und so die Leistungsfähigkeit Ihres Unternehmens dokumentiert.

Die »Preis- und Konditionensysteme« haben wir im dritten Baustein erörtert. Im vierten Baustein »Places« geht es nun um die konsequente Umsetzung der Preis-Systematik und des Konditionensystems. Scheinbar Trivialitäten, doch gerade damit tun sich zahlreiche Unternehmen schwer.

Konsequenz und Härte in der Durchsetzung der strategisch konzipierten Preis- und Konditionensystematik scheint eine gefährliche Sache zu sein. Die Angst, einen Kunden oder Umsätze zu verlieren, treibt vielen Anbietern den Angstschweiß auf die Stirn. Also doch lieber wieder nachgeben als auf Umsatz zu verzichten? Was passiert? Natürlich erzählt ein Kunde oder Händler dem anderen, dass er es geschafft hat, Sie zu drücken. Mit der Konsequenz, dass das alle wollen und jeder noch ein bisschen mehr.

Nein zu sagen und Standhaftigkeit zu beweisen, ist eine der schwierigsten Übungen für jeden Unternehmer, der nach vorn strebt und wachsen will. Was er aber mit seiner Inkonsequenz anrichtet und welche Langfristprobleme er sich damit einhandelt, wird oft weniger überlegt. Das Motto heißt eher: »Nach mir die Sintflut«. In diesem Sinne ist es auch nicht verwunderlich, dass ganze Branchen zu Rabatt- und Schnäppchenjägern verkommen sind, bei denen es schon lange nicht mehr um Produkt und Leistung geht, sondern nur noch um den höchsten Nachlass vom Preis.

Unter diesen Vorzeichen macht sich natürlich auch schon lange kein Hersteller mehr die Mühe, seinen Kunden zu erklären, warum seine Produkte etwas teurer sein müssen als die des Wettbewerbs: Weil nämlich einfach deutlich mehr Leistung dargestellt wird. Nein, statt mit dem Nutzen und den greifbaren Vorteilen zu argumentieren, beschränkt sich die Vertriebsarbeit häufig darauf, auf Anfrage Rabattzahlen zu mailen oder sie am besten gleich in die Eröffnung von Verkaufsgesprächen zu stellen.

Ich selbst war bei der Toolix AG lange in einer solchen Branche tätig und wir haben dort auch viel zu lange dieses Spiel des Marktes mitgemacht. Irgendwann haben wir dann allerdings die Entscheidung getroffen: Damit ist Schluss! Wir machen das nicht mehr mit! Wir setzen unsere Preise und Konditionen konsequent im Handel durch! Die Quittung kam prompt. Wir hatten im nächsten Quartal einen Umsatzeinbruch von 25 %!

Was dann jedoch in den nächsten Monaten geschah, übertraf meine kühnsten Erwartungen. Zuerst haben wir die Effekte in der Ergebnisrechnung gesehen. Der absolute Rohertrag ging trotz gravierender Umsatzeinbußen kaum zurück. Ganz im Gegenteil. Er stieg sogar um 5 %! Und dafür gab es sogar einen guten Grund: Da uns nämlich gerade die Händler am meisten mit Bestellverzicht bestraften, die sich die besten Konditionen gesichert hatten, so dass für uns bis dato ohnehin fast nichts blieb. Natürlich ging die Auslastung zurück, doch das noch wichtigere Endergebnis, die »Bottom Line«, litt kaum. Das war der überraschende Effekt.

Und dann passierte noch etwas: Nach zwei Quartalen kehrten nicht nur Einzelkunden, sondern große Kundengruppen zu uns zurück, so dass das Umsatzminus nach einem Jahr nur noch bei ganzen 6 % lag. Warum aber kamen diese Kunden zurück? Weil sie gemerkt hatten, wo die qualitativen Unterschiede der Toolix-Produkte im Wettbewerb lagen, wo die Alleinstellungsmerkmale waren und welche Nutzenvorteile sie boten. Das war die entscheidende Erkenntnis! Nach der Durststrecke waren unsere Produkte plötzlich wieder im wahrsten Sinne des Wortes ihr Geld »wert«.

Allein diese Verhaltensregel, den Vertrieb vor sich selbst zu schützen, führte dazu, dass dank des deutlich gestiegenen Rohertrags ein signifikant besseres Ergebnis erzielbar war. Und das trotz der anfänglichen Umsatzeinbußen! Ein Durchbruch in der Erfolgsgeschichte des Unternehmens!

Gleichwohl nochmals meine Mahnung an alle geschätzten Leser: Das funktioniert nur, wenn die Hausaufgaben in den bereits erörterten Strategie-Bausteinen gemacht worden sind: Von der Positionierung über die

Produkte bis zum Preis-/Leitungsverhältnis und dem Konditionensystem. Sonst geht der Schuss mit hoher Wahrscheinlichkeit nach hinten los! Beginnen Sie Ihre Ergebnisoptimierung also bitte nicht mit dem vierten Schritt, auch wenn es noch so reizvoll wäre, ihn sofort auszuprobieren. Starten Sie vorn! Dann werden Sie großartige Erfolge haben.

Bei aller Euphorie über die deutlich gestiegenen Roherträge, die sich bis ins Endergebnis ausgedrückt haben, mussten wir allerdings leider auch konstatieren, dass wir das dynamische Wachstum, an das wir gewohnt waren, nicht ohne Weiteres wiederbeleben konnten. Dafür hatten sich die Preise für die Endkunden nach unserer konsequenten Systemumstellung nachhaltig um bis zu 15 % erhöht, und das in einem Markt, der seit vielen Jahren nur noch beharrlich sinkende Einkaufspreise kannte.

Also mussten wir uns etwas einfallen lassen, um wieder dynamisches Wachstum zu erzeugen: Hierbei half uns die zweite Verhaltensregel: »Den Vertrieb zu seinem Glück zwingen«! Leicht gesagt, aber nicht leicht getan.

Jetzt reden wir über die klassischen Vergütungssysteme im Vertrieb. Hier hat sich nach meiner Erfahrung bewährt, dass Leistung und Gegenleistung in einem rationalen Verhältnis zueinander stehen. In der Praxis werden ja in den meisten Systemen, die ich kenne, Umsätze verprovisioniert oder »verkonditioniert«, selbst solche, für die keiner etwas kann. Ich sage da gern, da werden Umsätze belohnt, die gar nicht zu verhindern waren.

Das, liebe Leser, ist für mich keine Leistung, wenn etablierte Kunden Jahr für Jahr die gleichen Produkte beziehen, vielleicht, weil diese schon in der Zeichnung oder in Werkstatthandbüchern stehen oder weil sie von den Kunden Ihrer Kunden gefordert werden. Was tut der Vertrieb denn hier? Nichts! Er soll die Kunden halten, doch das hängt weniger von ihm als von der Lieferfähigkeit, von der gelieferten Qualität und von anderen Dingen ab.

Also müssen wir Leistung als die Gewinnung neuer Kunden mit neuen Bedarfen oder als Überzeugung bestehender Kunden, mehr bzw. andere Produkte bei uns zu kaufen, definieren. Oder noch besser: Bestandskunden von Wettbewerbern zu eigenen Kunden zu machen, also zu verdrängen. In diesem Sinne ist alles, was nötig ist, um Neugeschäft zu generieren, eine Leistung, die es verdient, vergütet zu werden. Ob es sich dabei um Vorführaktionen handelt, um Test-Kampagnen, um Test-Installationen, um Beratungsgespräche oder um Marketing-Aktivitäten jedweder Art: Dies alles soll angemessen vergütet werden. Aber auch nur das.

Oft ist ja auch exzellenter Service der Schlüssel zum Erfolg. Also macht es auch Sinn, Service-Komponenten in das Konditionssystem aufzunehmen: Lieferservice, Reparaturservice. Kurz: technische Kompetenz, die das Kundenvertrauen bestärkt, in Ihnen den richtigen Partner zu haben.

Nun ist das Spektrum der Branchen und Angebote zu groß, um hier allgemeine Regeln zu propagieren. Sie müssen sich für Ihr Geschäft überlegen, was Sie hinsichtlich Ihrer Vertriebsmannschaft unter Leistung verstehen bzw. hinsichtlich Ihrer Handelspartner und diese Bedingungen in ein modernes Vergütungssystem gießen. Gestalten Sie beides aber so, dass es der ersten Verhaltensregel genügt, dass also keine Räume entstehen, die letztlich verheerende Rabatt-Spirale erneut in Gang zu setzen.

Bei der Toolix AG haben wir den Außendienstmitarbeitern außer der Betreuung der Händler die weitere Aufgabe gegeben, mindestens die Hälfte ihrer Zeit bei Endkunden zu verbringen und sie zu beraten. Nicht, um dort am Handel vorbei Geschäfte zu machen, sondern um für den Handel Vorverkäufe anzubahnen, die dieser mangels Zeit und Kompetenz nicht bewirken würde. Das ist moderner Verdrängungswettbewerb in der Werkstatt und auf der Baustelle, und zwar nicht mehr über Rabatte, sondern durch Beratungskompetenz gestützt auf die feste Überzeugung, die bessere Lösung als die Konkurrenz zu haben! Diese Vorverkäufe werden hoch provisioniert, weil sie Umsätze auslösen, die wir sonst nicht hätten.

Dieser Erfolg zeigt, dass man einen großen Schritt in die richtige Richtung geht, wenn man die zweite Verhaltensregel in Vergütungssystemen abbildet, die motivieren und Ihren Vertriebspartnern Erfolgserlebnisse verschaffen, indem sie aus der Stagnation ausbrechen und durch systematische Vertriebsarbeit neues Wachstum generieren. Wenn Sie diesen Ansatz dann noch um die dritte Verhaltensregel erweitern, können Sie Ihren Erfolg gar nicht mehr verhindern, vorausgesetzt, Positionierung, Produkte sowie Preis-/Leistungsverhältnisse sind sauber aufeinander abgestimmt.

Die dritte Verhaltensregel heißt: »Den Vertrieb oder die Händler vor sich hertreiben«. Wir wissen doch alle, zu welcher Trägheit wir neigen, wenn uns nicht (offen gesagt) Angst oder Gier zu neuen Taten treiben. Das Vergütungssystem muss also auch der Überwindung dieser Trägheit Rechnung tragen. Idealerweise startet die Vorbereitung auf diesen Punkt mit einer Potenzialanalyse: Welche Absätze/Umsätze/Marktanteile sind bei strikter Vertriebsarbeit realistisch eingeschätzt für Ihr Haus zu erschließen?

Auch dieses Thema, wie Sie in der Praxis zu einer vernünftigen Potenzialanalyse kommen, birgt genug Stoff für ein eigenes Buch. Im Regelfall müssen sie die Koordinaten selbst ermitteln, da es die Daten nirgendwo zu kaufen gibt. Lassen Sie mich den Ansatz an zwei Beispielen erläutern: Wie ermitteln Sie das Absatzpotenzial für einen Händler von Traktoren? Das ist einfach, da es verlässliche Zulassungsstatistiken für jeden Landkreis und für jedes Postleitzahlgebiet gibt. Zudem lässt sich das Durchschnittsalter der zugelassenen Traktoren ermitteln. Ein weiteres wichtiges Datum, um den künftigen Ersatzbedarf in der Region zu klassifizieren.

Wenn Sie wissen, dass in einem bestimmten Gebiet 2.000 Traktoren zugelassen sind, deren Durchschnittsalter mit steigender Tendenz bei 22 Jahren liegt, während jährlich im Schnitt 50 Traktoren neu zugelassen werden, wobei Ihr Marktanteil 20 % beträgt, und wenn Sie außerdem noch wissen, dass das durchschnittliche Einkommen der Landwirte, also der Traktorkäufer, seit 15 Jahren stetig sinkt, so dass viele ihren Betrieb aufgeben, dann dürfte das Gesamtabsatzpotenzial in diesem Gebiet künftig eher bei 45 als bei 50 Traktoren liegen. Wenn Sie Ihren Marktanteil halten wollen, liegt das Potenzial also bei nur neun Traktoren im Jahr.

Hinsichtlich solcher Überlegungen besteht im Mittelstand noch großer Handlungsbedarf! Ich kenne kaum ein Unternehmen unter 250 Mio. Euro Umsatz, das seine Vertriebsorganisation potenzialorientiert führt und vergütet. Und dies, obwohl diese Maßnahme erfolgsentscheidend ist!

Die Alternative sieht übrigens so aus: Wenn Sie damit rechnen, dass das Einkommen der Landwirte in den nächsten Jahren warum auch immer deutlich steigt und dass es sogar Investitionszuschüsse für Traktoren geben wird, dann dürfte das Gesamtpotenzial eher bei 60 Traktoren als bei 50 liegen. Wenn Sie außerdem sicher sind, dass Ihre neuen Modelle genau die Erwartungen Ihrer Kunden erfüllen und dass Sie ein absolut wettbewerbsfähiges Preis-/Leistungsverhältnis bieten, dann winkt Ihnen ein Marktanteil von 25 bis 30 % statt von 20 %. Das Potenzial steigt von 9 Traktoren im Jahr auf bis zu 18! Was für ein Unterschied: 100 % Differenz!

Das Beispiel zeigt: Sie sollten es auf keinen Fall dem Zufall überlassen, was am Ende des Jahres realisiert worden ist, da Sie sich sonst womöglich über 12 verkaufte Traktoren freuen. Immerhin ein Plus von 20 %, das Sie nach Jahren der Stagnation als Erfolg fehldeuten könnten, nur weil Sie nicht erkennen, dass Sie Ihr Potenzial nur zu zwei Dritteln ausschöpfen. Grund genug eigentlich, um als Unternehmer Tränen zu vergießen!

So nahe liegen die Welten also beisammen! Ohne präzise Vorstellung von den Entwicklungsmöglichkeiten Ihres erschließbaren Potenzials sind weder die professionelle Steuerung des Vertriebs noch die leistungsbezogene Vergütung Ihrer Vertriebsorganisation, egal ob Händler oder eigenes Außendienstteam, darstellbar.

Das zweite Beispiel stammt aus dem Vertrieb von Komponenten für die Industrie-Automatisierung. Gemeint sind Kugellager, Elektromotoren sowie pneumatische und elektrische Antriebe. Was sollten Sie hier alles wissen, um Ihr Potenzial vernünftig abschätzen zu können? Idealerweise ist Ihnen nach eingehenden Kundengesprächen und eigenen Wertanalysen bekannt, dass die von Ihnen gelieferten Komponenten in den Neumaschinen Ihrer Kunden einen Wertanteil von sagen wir 3,5 % haben, Tendenz steigend um ca. 0,1 %-Punkte alle zwei Jahre. Außerdem haben Sie eruiert, dass die Komponenten eine Haltbarkeit von sieben Jahren haben und dann zur Hälfte vom Hersteller der Maschinen ausgetauscht werden. Ihr Kunde »Maschinenbauer« hat in den letzten zehn Jahren im Schnitt 70 Maschinen im Wert von jeweils 200.000 Euro verkauft. Ihr Lieferanteil bei diesem Kunden liegt bei 20 %, beläuft sich also in Summe auf 98.000 Euro. Jetzt können Sie rechnen: Im Neugeschäft beträgt das Gesamtpotenzial 490.000 Euro. Im Ersatzteilgeschäft stekken noch mal geschätzt 295.000 Euro für Sie drin. Macht zusammen 785.000 Euro, von denen Sie jedoch gerade mal 160.000 Euro liefern.

Wenn Sie nun Ihren Anteil auf 25 % bringen wollen und Ihr Kunde plant, seinen Absatz von 70 auf 80 Maschinen zu steigern, heißt das für Sie, dass Ihr Potenzial in zwei Jahren bei 144.000 Euro im Neugeschäft und bei 74.000 Euro im Ersatzteilgeschäft liegt. Ergibt zusammen 218.000 Euro, eine Steigerung um 36 % in zwei Jahren! Das ist Ihr neues Ziel!

Natürlich kann es aber auch nach unten gehen, wenn der Kunde selbst rückläufige Absätze hat oder wenn sich der Lieferanteil Ihrer Komponenten reduziert. Auch solche Entwicklungen müssen in der Potenzialanalyse berücksichtigt werden. Sie müssen so etwas nur wissen und auf der Basis möglichst objektiver Daten und Fakten zu solchen Potenzialermittlungen kommen. Das ist entscheidend. Sonst rennen Sie andauernd einer Fata Morgana nach oder Sie lassen rechts und links Umsätze liegen.

Ganz abgesehen von den unerquicklichen Jahresgesprächen mit Ihrer Vertriebsmannschaft, die eher den Charakter arabischer Basare haben, als dass sie von professionellem Absprachemanagement geprägt sind.

Meine Empfehlung lautet daher: Definieren Sie die Parameter, die für die wesentlichen Treiber in Ihrem Geschäft gelten, so objektiv wie möglich und erfassen Sie diese für Ihre Kunden bzw. Händler. Ich habe noch kein Geschäft gesehen, in dem das nicht möglich war. Mal ist es die Anzahl der Mitarbeiter, die den Potenzialträger darstellt, mal die Zulassungsstatistik oder es sind die Lieferanteile in Maschinen, Gebrauchsgütern etc. Sie kennen Ihr Unternehmen und seine Marktstrukturen am besten!

Dann diskutieren Sie die Erwartungswerte für diese Parameter mit Ihrer Vertriebsorganisation. Wichtig ist, dass Sie erst ganz zum Schluss, wenn alles festgelegt ist, den Rechner zur Hand nehmen und das so abgeleitete Ziel ermitteln. Sie werden überrascht sein, was da am Ende für Zahlen herauskommen! Meine Erfahrung ist nämlich, dass Sie deutlich höhere Werte erhalten, als wenn Sie sich einfach nur mit dem Vertrieb zusammensetzen und mal grob »abschätzen«, welche Steigerung in % im kommendem Jahr oder in den kommenden fünf Jahren denkbar sein sollte.

Hier beginnt echte Vertriebsarbeit! Und hier setzt auch ein leistungsorientiertes Vergütungssystem für Ihre Vertriebsmannschaft und Ihre Händler an. Machen Sie das! Jetzt können Sie auch Bonus- bzw. Provisionsstaffeln ermitteln, die beispielsweise bei 80 % Potenzialausschöpfung anfangen und die in der Spitze bei 125 % Potenzialausschöpfung enden.

Das Befriedigende an diesem System ist: Sie verprovisionieren nur etwas, was wirklich Vertriebsleistung bedeutet und Ihnen dank höherer Umsätze mehr Rohertrag bringt als Sie als Boni und Provisionen ausschütten. Das heute schon erreichte Umsatz- und Absatzniveau ist vom Fixum und von der normalen Leistungskondition voll und ganz gedeckt.

Dass das alles ganz schwierig ist und dass der Vertrieb versuchen wird, Ihnen einzureden, dass das alles so gar nicht geht, sollte Sie nicht beeindrucken. Wer setzt sich denn schon gerne freiwillig und ohne Not einem höheren Leistungsdruck aus? Das ist Ihre Führungsaufgabe, der Sie sich mit Hingabe widmen sollten. Es lohnt sich für Ihr Unternehmen!

Gestatten Sie mir hier im Zusammenhang mit unserem vierten Strategie-Baustein »Places« noch eine Bemerkung zum Thema Erfolgsfaktoren im Export. Viele Mittelständler, gerade an der Umsatzschwelle um die 50

Millionen Euro, tun sich schwer damit, eine vernünftige Exportorganisation aufzubauen und erfahren nicht selten herbe Rückschläge. Dabei gibt es durchaus Erfahrungen, die geeignet sind, teure Fehler zu vermeiden.

Lieferbeziehungen ins Ausland beginnen ja oft mit ein paar eher zufällig entstandenen »Übergrenz-Geschäften«, häufig im Gefolge von Kunden aus dem heimischen Markt. Obwohl es sich dabei streng genommen auch schon um Export-Umsätze handelt, sind solche Vorgänge nicht gemeint. Solange Sie sich absichern, dass Sie Ihr Geld für gelieferte Waren bekommen bzw. dass der Kunde im Ausland seriös und finanziell gesund ist, gehen Sie ja auch noch keine größeren Risiken ein. Das sieht allerdings sofort ganz anders aus, wenn Sie sich dafür entscheiden, bewusst in einen Markt hineinzugehen, um systematische Vertriebsarbeit zu machen und sich tief zu verankern. Dann bedarf es einer Reihe grundlegender Vorüberlegungen, um kein Fass ohne Boden aufzumachen.

Die entscheidende Frage ist zunächst einmal: Haben wir wirklich umfassend verstanden, warum wir im Inland erfolgreich sind (die drei ersten »P«)? Woraus sich die nächste Frage ergibt: Lassen sich diese Erfolgsfaktoren weitgehend auf den angestrebten Exportmarkt übertragen oder gelten dort ganz eigene Gesetze, die wir weder kennen noch erfüllen können?

Vielleicht wundern Sie sich, aber im Konsumgüterbereich hat es noch kaum ein deutsches Unternehmen geschafft, in Frankreich Fuß zu fassen. Ein paar Kilometer vor Frankfurt oder Stuttgart gelten ganz andere Spielregeln als bei uns. Die »Key Buying Factors« unterscheiden sich signifikant. Eine triviale Erkenntnis, die viele FMCG-Hersteller schon viel Geld gekostet hat, aber auch Automobilzulieferer und Bauzulieferer: Das Nachbarland ist durchaus ein schwieriger Markt! Es empfiehlt sich also sehr, die Übung aus Positionierung, Produkt und Preis für jedes Land, in das Sie investieren wollen, zu durchlaufen, bevor Ihre Exportoffensive startet.

Wenn freilich klar ist, das Sie mit Ihrem Angebot auf einen Markt stoßen, der in Ihrem Segment groß genug ist und dessen »Key Buying Factors«

Sie auch im lokalen Wettbewerb vor Ort bedienen können, sollten Sie sich über den notwendigen Ressourcenbedarf Klarheit verschaffen.

Welche Dokumentationen brauchen Sie in Landessprache? Brauchen Sie einen neuen Katalog im kulturellen Kontext? Die Menschen in Osteuropa sehen anders aus als Südeuropäer oder Nordeuropäer. Müssen Sie die Produkte modifizieren? Wussten Sie, dass die Geschmacksempfindung von Süddeutschen anders als die von Norddeutschen ist? Ja, dass selbst das Gras in Holstein eine andere Konsistenz hat als in Bayern?

Wenn bei Lebensmitteln in Deutschland »fettarm« zählt, gilt in Polen und Tschechien bis heute so ziemlich das Gegenteil. Erfüllen Sie die technischen Normen der Länder? Ein Inch-Gewinde ist nun mal kein metrisches Gewinde und Sockelleisten in Fuß sind keine Sockelleisten in Zentimetern. Eine passende Verpackung in Landessprache, abgestimmt auf das landesspezifische Geschmacksempfinden, sollten Sie als Selbstverständlichkeit voraussetzen, mit entsprechender Wirkung auf Ihre Artikelkomplexität. Rüstvorgänge auf der Verpackungsmaschine inklusive!

Solche Fragen sollten im Vorfeld bestmöglich geprüft und der notwendige Anpassungsaufwand sauber abgeschätzt werden. Sonst gerät das Unterfangen von Anfang an zu einem Dauer-Reparatur-Betrieb! Doch damit nicht genug. Sie benötigen Zulassungen, Zertifikate und Prüfzeugnisse der nationalen Behörden. Und vergessen Sie mir die Logistik nicht! Im Hinblick auf Frischeprodukte wie Milch oder Joghurt kann eine irgendwo fehlende Kühlmöglichkeit sehr schnell zum Killer-Faktor werden.

Wenn Sie all diese Voraussetzungen geprüft haben und sie als realistisch und als machbar einstufen, stellt sich die Frage: Wollen wir es mit einem Importeur versuchen oder bauen wir eine eigene Landesgesellschaft auf?

Wie meist im richtigen Leben gibt es auch hier naturgemäß kein einfaches »richtig« oder »falsch«. Es gibt nur eine mehr oder weniger professionelle Vorgehensweise. Bevor Sie sich also für einen Importeur entscheiden, sollte klar sein, ob er überhaupt in der Lage ist, Ihre Produkte fachlich und hinsichtlich seiner Kapazität zu vertreiben. Welchen Marktansatz verfolgt der Importeur in seinem Geschäft? Ist das eher ein Gemischtwarenladen oder steht hinter seinem Angebot eine echte Strategie, in die Ihr Angebot mehr oder weniger ideal eingepasst werden kann?

Welche quantitativen Ziele verfolgt der Importeur mit Ihren Produkten? Idealerweise verständigen Sie sich mit Ihrem künftigen Partner vor Vertragsabschluss auf einen »Business Plan« mit einem Zeithorizont von fünf Jahren, der Bestandteil dieses Importeurvertrags wird! Für den Fall, dass die gesteckten Ziele nicht erreicht werden, sollte der Vertrag eine Ausstiegsklausel enthalten, ohne dass Sie eine Abfindung bezahlen müssen.

»Abfindung« ist überhaupt ein Stichwort, das in der ersten Euphorie leicht vergessen wird. Nehmen wir den günstigen Fall, dass das Geschäft läuft, vielleicht sogar besser als gedacht, aber Sie wollen die Sache aus strategischen Gründen doch lieber selbst in die Hand nehmen. Dann könnte bei Kündigung des Vertrags eine Abfindung fällig werden, die unter Umständen einen Jahresumsatz erreicht. Das kann finanziell so schmerzhaft sein, dass Sie zumindest zögern würden, diesen Schritt zu vollziehen.

Importeure sind vor allem dann interessant, wenn sich Ihr Sortiment gut in das angetroffene Sortiment einfügt, wenn es nur wenige oder keine Überlappungen zum sonstigen Angebot gibt, wenn sie bei Ihrem Zielsegment bestens eingeführt sind und wenn sie in einem Land sitzen, dessen Potenzial voraussichtlich zu klein ist, um dort mit einer eigenen Landesgesellschaft langfristig profitabel zu arbeiten. Bonität und Seriosität des Partners sind außerdem zwingend vorauszusetzen. In diesem Sinne kenne ich einige Fälle, in denen Unternehmen, die über ein Dutzend eigene Landesgesellschaften haben, aber in limitierten Märkten wie Finnland, Norwegen, Tschechien, in der Schweiz oder im Baltikum beste Geschäfte mit Importeuren machen. Die Potenziale richtig zu lesen und vor Ort den richtigen Partner zu finden sind die Schlüsselaufgaben, wie ich nach vielen Jahren eigener Aufbauarbeit in den verschiedensten Branchen weiß.

Im Umkehrschluss heißt das, dass eigene Landesgesellschaften immer dann interessant sind, wenn das Marktpotenzial von Ihnen als so groß eingeschätzt wird, dass Sie den kumulierten negativen Cash-Flow nach einer Anlaufphase von fünf bis sechs Jahren auf Null reduzieren können. Sie sollten also spätestens nach sieben Jahren einen positiven kumulierten Cash-Flow erreichen. Im Übrigen sind überall dort, wo Landesgesellschaften zur Blüte kommen, Geschäftsführer am Werk, die sich so engagieren als betrieben sie ihr eigenes Unternehmen, mit hohem Arbeitseinsatz, durch und durch integer und loyal, im Besitz eines profunden Fachwissens, dass sämtliche Facetten zeitgemäßer Unternehmensführung umfasst. Diese Umsatztreiber sind echte Unternehmer im Unternehmen!

Wie aber finden Sie jetzt heraus, ob diese wichtigen Bedingungen erfüllt sind, zumal, wenn Sie Ihren künftigen wichtigsten Mann im Ausland bislang nur aus dem Vorstellungsgespräch kennen? Die besten Erfahrungen habe ich damit gemacht, solche besonderen Führungskräfte im Zielland zu finden, also »Locals« zu rekrutieren, die Merkmale in ihrer Biographie haben, die darauf hindeuten, dass sie die Kultur im deutschen Mittelstand verstehen: Der Amerikaner mit einer Mutter aus München oder der Brasilianer, der (mit vorzeigbarem Abschluss) in Berlin studiert hat oder die Chinesin, die schon längere Zeit erfolgreich für ein anderes deutsches Unternehmen tätig war. Diese kulturellen Aspekte sind nicht zu unterschätzen. Sie entscheiden darüber, ob Sie sich später mit Ihrem Statthalter wirklich verstehen oder nicht, und zwar in jedweder Hinsicht.

Außerdem sollte sich Ihr neuer Geschäftsführer gründlich im Mutterhaus einarbeiten. Sechs Monate sind hier das absolute Minimum! Er muss alle relevanten Ansprechpartner persönlich kennen. Er muss verinnerlichen, auf welchen Erfolgsfaktoren Ihr Geschäft in Deutschland beruht und er muss möglichst viele Fragen seiner künftigen Kunden selbst beantworten können. Liegen diese Dinge nicht vor, wird die Zusammenarbeit mühsam.

Idealerweise erstellt dieser designierte Geschäftsführer in seiner Einarbeitungszeit auch einen Businessplan für die nächsten drei bis fünf Jahre, den er mit Ihnen gründlich bespricht. Dank dieser sorgfältigen Vorbereitung wird der Start im Ausland gelingen. Ansonsten gehen Sie unkalkulierbare Risiken ein! Hinzu kommt, dass Sie »Ihren Mann« näher erleben. Ist er interessiert und motiviert? Ist der Arbeitseinsatz hoch? Kann er Kontakte aufbauen und halten? Findet er Zugang zu den anderen Führungskräften? Ist er kreativ? Hat er Ideen? Lauter Aspekte von Bedeutung.

Haben Sie den richtigen Mann oder die richtige Frau gefunden, müssen Sie entscheiden, welche Ressourcen Sie in dem neuen Land einsetzen wollen. Eine Frage, die auch nicht zu unterschätzen ist! Wenn Sie nicht bereit sind, dem neuen Pflänzchen Humus, etwas Dünger und sein Wasser zu geben, wird es früher oder später verdorren. Zu einer realistischen Vorgehensweise gehört, dass Sie Anfangsverluste einkalkulieren: Eine Durststrecke von drei bis vier Jahren ist meines Erfachtens die Regel. Danach sollten jedoch einschließlich des sechsten Jahres so viele Gewinne realisiert sein, dass der kumulierte Cash-Flow in etwa ausgeglichen ist.

Wenn Sie vom Markt, von Ihrem Geschäftsführer und von Ihren Erfolgschancen überzeugt sind, sollten Sie auch nicht kleckern, sondern klotzen, also beherzt investieren. Das aber heißt natürlich, dass Sie sich das Investment leisten können müssen. Wirft Ihr bestehendes Geschäft so viel ab, dass Sie den Aufbau einer neuen Landesgesellschaft stemmen können oder nicht? Dieser Punkt ist unbedingt vor jeder verpflichtenden Aktivität zu prüfen. Eine Fehleinschätzung kostet später sehr viel Geld!

Aber Sie haben ja auch sofort etwas auf der Habenseite: Für die Moral Ihrer Mannschaft gibt es psychologisch kaum einen stärkeren Motivator als den erfolgreichen Aufbau einer Landesgesellschaft, auch oder gerade unter schwierigen Rahmenbedingungen. Dafür handeln Sie sich im Umkehrschluss eine ebenso große Demotivation ein, wenn Sie sich trotz energischer Bemühungen und nennenswerter Investitionen nach vier oder fünf Jahren vom Markt »geschlagen« aus einem Land zurückziehen wollen. Der Wettbewerb triumphiert. Es ist wie eine verlorene Schlacht! Eine so peinliche öffentliche Niederlage sollten Sie unbedingt vermeiden.

Und was ist diesbezüglich das beste Rezept? Ja, Sie haben schon verstanden, das merke ich: Die saubere Positionierung in einem klar definierten Marktsegment mit Produkten oder Dienstleistungen, die hinsichtlich Preis oder Leistung dem dortigen Wettbewerb eindeutig überlegen sind und deren Preis-/Leistungsverhältnis absolut wettbewerbsfähig ist. Das sind die beiden wichtigsten Erfolgsfaktoren! Eigentlich doch ganz einfach, doch in der Praxis trotzdem immer wieder so unendlich schwer.

Bevor aber die Positionierung, die Produkte und das Preis-/Leistungsverhältnis nicht feststehen und mit den Realitäten in einem Auslandsmarkt abgeglichen sind, sollten Sie sich nicht auf das Experiment einer eigenen Landesgesellschaft einlassen. Kommen Sie aber zu dem Entschluss, alles beieinander zu haben, was Sie brauchen, wenn Sie fühlen, dass Sie es schaffen, dann habe ich noch zwei Tipps, wie Sie Ihr Risiko verringern, vor allen Dingen in den Ländern der erweiterten EU. Viele Unternehmer glauben ja immer noch, dass eine eigene Landesgesellschaft auch ein eigenes, wenn auch kleines, Lager bedeutet! Die Erfahrung lehrt hier jedoch, dass dieses Lager, egal, wie es bestückt ist, entweder die falschen Waren bevorratet oder aber viel zu viele, mit der Konsequenz hoher Kapitalkosten, hoher Ergebnisbelastungen durch Abschreibungen etc.

Unvernünftige Lagerdispositionen von Landesgesellschaften lösen sogar hausgemachte »Schweine-Zyklen« aus, die viel Geld kosten, obwohl das nicht sein muss. Denn die Länder der EU 27 bieten die Möglichkeit, fast jedes Produkt in 48 Stunden (EU 15) oder in 72 Stunden (Bulgarien: 84 Stunden) zu transportieren, Verzollung, Abfertigung, Auslieferung inklusive.

Richten Sie Ihre Energie also darauf, aus Ihrem Zentrallager zu 98 % lieferfähig zu sein und lieber die Logistikkette zu Ihren Kunden zu optimieren, statt überall auf der Welt Lager aufzubauen, die nicht nur Kapital binden, sondern auch erhebliche Abschreibungen sowie Veruntreuungsrisiken bergen! Diese Regel gilt für die EU in jedem Fall, wobei ich auch für die USA Modellrechnungen gesehen habe, die zeigen, dass Luftfracht für Unternehmen mit bis zu 10 Mio. Euro Umsatz unter Berücksichtigung der Transportkosten in Amerika billiger ist als der Betrieb eines eigenen Lagers vor Ort, wobei ich nicht verschweigen will, dass diese Faustregel auch von den Gewichten und den Volumina der Produkte abhängig ist.

Der zweite Hinweis betrifft die Geschäftsabwicklung generell. Auch diesbezüglich lassen sich die durch die Harmonisierung in der EU entstandenen Vorteile konsequent nutzen. Das Stichwort heißt »Provisionsgesellschaften«! Bisher noch kein weit verbreiteter Marktansatz, aber ein großer Mangel, wenn Sie verstehen, welche enormen Vorteile dieser Kniff bietet!

Das Geschäftsmodell »Provisionsgesellschaft« funktioniert theoretisch ganz einfach, wobei die Praxis gewisse Tücken haben kann. Aber das muss ja nicht schrecken! Hier die Anleitung Schritt für Schritt: Ihr Vertrieb, etwa in der französischen Gesellschaft, erhält einen Auftrag von einem Endkunden oder von einem Händler. Sie geben diesen Auftrag in das zentrale IT-System der Gruppe ein und erhalten eine Bestätigung hinsichtlich der Lieferzeit sowie die Versanddaten. Die Lieferung geht samt der Rechnung, die von einer Gruppengesellschaft ausgestellt wird, meist von der Holding oder von einer Zwischenholding, mit dem Vermerk »im Auftrag der Landesgesellschaft XY« direkt an den Abnehmer. Der Kunde zahlt die Rechnung in seinem Heimatland auf ein Konto der Gruppengesellschaft, die alle Konten mit »Cash-Pooling« verwaltet. Ihre Landesgesellschaft vor Ort erhält eine Provision, die vom effektiven Aufwand, von den Vorleistungen und von steuerlichen Überlegungen bestimmt wird.

Die Buchhaltung der gesamten Transaktion erfolgt in der Gruppengesellschaft, während die Landesgesellschaft lediglich die Lohn- und Gehaltsabrechnung sowie die Spesenverwaltung für die dortigen Mitarbeiter macht. Sonst nichts! Höchstens noch eine marginale Lagerabwicklung für Ersatzteile und Reparaturen, die vor Ort durchgeführt werden müssen. Eine solche Gesellschaft kommt leicht mit Provisionssätzen von 12, 14 oder 15 % aus, inklusive eines angemessenen Gewinnanteils, den der dortige Fiskus in jedem Fall für sich reklamiert. Ist das nicht auch etwas für Sie? Wäre das nicht auch ein ausbaufähiges Modell für Ihren Betrieb?

Wenn die EU für Unternehmer wirklich einen eminenten Vorteil bietet, dann ist es die Möglichkeit, diesen enormen Markt mit bald 500 Millionen Menschen unter Nutzung der gegebenen IT- und Logistik-Infrastrukturen wie einen Heimatmarkt zu bedienen. Begrenzungen bestehen faktisch nur noch in den natürlichen Sprachbarrieren, aber schon lange nicht mehr in tarifären und nicht tarifären Handelshemmnissen. Darin liegen für uns in Europa riesige Chancen, insbesondere Rationalisierungs-Chancen, die freilich in vielen Unternehmen noch nicht einmal angekratzt sind!

Sollte dies alles – bei realistischer Einschätzung der Situation – für Sie jedoch nicht möglich sein, sollten Sie lieber auf einen Importeur vertrauen, als sich in ein kräftezehrendes Abenteuer zu stürzen! Haben Sie sich aber für die eigene Landesgesellschaft entschieden, sollten Sie wie sonst auch systematisch die unabdingbaren Voraussetzungen für den Erfolg schaffen. Dazu gehört vor allem ein/e Geschäftsführer/in, dem/der Sie vertrauen!

Lassen Sie mich zum Abschluss dieses Kapitels noch auf drei Aspekte hinweisen, die ebenfalls von fundamentaler Bedeutung sind, konkret auf den Support, die Raketen-Theorie und auf den Mut zu Experimenten.

Support heißt Unterstützung, und zwar uneingeschränkt. Wenn Sie in der Geschäftsführung entscheiden, ja, wir wollen nach Amerika, China oder Indien, und dort etwas Eigenes aufbauen und in diesem Markt forciert expandieren, nützt das leider nicht allzu viel, solange Ihre Mitarbeiter nicht verstehen, weshalb das so wichtig ist, weil die Menschen in Ihrem Unternehmen nämlich vorbehaltlos bereit sein müssen, Ihren »Amerikanern«, »Chinesen« und »Indern« zu helfen. Wenn Ihre Auslandsgesellschaften daheim auf Dienst nach Vorschrift stoßen oder noch schlimmer auf Widerstand, weil alles, was sie wollen, an deutschen Maßstäben gemessen wird, stehen Ihre Stützpunktleute mit dem Rücken an der Wand noch bevor sie richtig damit angefangen haben, erfolgreich zu arbeiten.

Ein Markt wie die USA lässt sich nun mal nur mit tatkräftiger Unterstützung des Mutterhauses erobern, sonst geht es schief! Dieser Markt

»tickt« völlig anders als wir es in Europa gewohnt sind! Lieferzeiten sind tödlich in einem Land, das am Samstag nach dem Mittagessen zu einem Autohändler geht, um das neue Gefährt gleich mit nach Hause zu nehmen. Das Längenmaß »Inch«, ein hoher Anteil Linkshänder, »Heavy Duty« als Prinzip, »UL-Approval« (Zertifizierungen) und andere Besonderheiten mehr sind Anforderungen, auf die Sie eingehen müssen, ob Sie wollen oder nicht! Ich habe insofern viele Anläufe scheitern sehen, weil das deutsche Management meinte, Amerika und die Amerikaner missionieren zu können. Glauben Sie mir, das schaffen Sie nicht! Auch Sie nicht! Die Phrase »We in Germany…« führt jenseits des Atlantiks nur zu Frust und Misserfolg, während Sie »we support you…« absolut weiter bringt!

Und was ist jetzt die Raketen-Theorie? Ganz einfach: Die Flugbahn einer Rakete sieht anders aus als die eines Flugzeugs. Das kann man ja schon an der Startrampe sehen. Aber mit Raketen erreichen Sie Ziele, die Sie mit Flugzeugen eben nicht und lange nicht so schnell erreichen. Unter ökonomischen Aspekten geht es hier darum, zu klotzen statt zu kleckern!

Wenn Sie sicher sind, die Grundvoraussetzungen der ersten drei »P« mitzubringen und sich erste Erfolge im »Teststadium« eingestellt haben, bin ich ein sehr großer Befürworter davon, Gas zu geben und massiv in einen Markt zu investieren, um sehr bald mit der Umsatzkurve die Flugbahn einer Rakete zu beschreiben! Nur mit diesem Einsatz werden Sie es dann schaffen, den Zeitraum, bis Sie den kumulierten »Cash Flow« ins Positive drehen können, stark zu verkürzen. Durch zu zaghafte Schritte schieben Sie nämlich den kumulierten »Break-Even-Point« sehr weit nach hinten.

Natürlich steigt mit dieser Strategie auch das Risiko, doch wenn die Indikatoren zeigen, dass Sie sich auf einem geraden Weg befinden, lohnt sich die Raketen-Theorie, auch wenn Ihr Finanzvorstand die Stirn runzelt und abraten will. Aber deshalb ist er »Finanzer« und Sie der Unternehmer!

Damit zu meiner letzten Anregung, die da lautet »Mut zu Experimenten«. Wer in einen neuen Markt einsteigen will, muss bereit sein, die bekannten, ausgetretenen Pfade zu verlassen ohne seine bewährten Prinzipien aufzugeben. Das bedeutet, dass Sie beispielsweise in den USA so rasch wie möglich so nah wie möglich an Ihre Endkunden herankommen müssen! Nur wenn Ihnen das ohne alle Umschweife gelingt, wird sich kurzfristig eine »Fan-Gemeinde« aufbauen lassen, die bereitwillig zu Botschaftern für Ihre Produkte bzw. für Ihre Marke wird. Das kann man natürlich auch über die klassischen Vertriebswege Außendienst, Handel, Handelsvertreter usw. erreichen. Aber das wird dauern und es ist nicht effektiv.

Diesbezüglich hat sich in einem von mir intensiv begleiteten Projekt zum Aufbau des US-Markts die Etablierung einer »Freelancer Organisation« als leistungsfähige Form des Vertriebs erwiesen. Hier gelang es, zufriede-

**SECHS STRATEGISCHE FRAGESTELLUNGEN ZUM STRATEGIE-BAUSTEIN »PLACES«**

1. Sind die von Ihnen heute bedienten Absatzkanäle überhaupt geeignet, die von Ihnen definierten Zielkunden erreichen zu können? Welchen Abdeckungsgrad in Bezug auf das vorhandene Potenzial können Sie heute vertrieblich erreichen?

   Nein: Identifizieren Sie die Kanäle, über die Sie Ihre Zielkunden erreichen werden und entwickeln Sie eine entsprechende Strategie zum Aufbau dieser Kanäle.

   Ja: Weiter mit

2. Legen Sie fest, was Sie konkret tun wollen, um Ihren Außendienst bzw. Ihre Vertriebsleitung »vor sich selbst zu schützen«.

3. Wie wollen Sie Ihre Vertriebsorganisation (eigener Vertrieb und Handel) zu ihrem Glück zwingen?

4. Wie sehen Ihre Werkzeuge aus, mit denen Sie die Vertriebsorganisation vor sich hertreiben?

   - Wie gut kennen Sie die Potenziale Ihrer Kunden?
   - Welche Treiber für das Potenzial sind im Spiel?
   - Setzen Sie die Incentivierung gezielt auf die Ausschöpfung von Potenzialen?

5. Wie gut sind Sie vorbereitet, um einzelne Exportmärkte erobern zu können?

6. Sind die Vor- und Nachteile der Organisationsformen im Export sauber gegeneinander aufgewogen?

Abb. 20

ne Kunden in einem ganz speziellen, bewusst klein gehaltenen Marktsegment zu solchen Botschaftern der Marke zu machen und die Mund-zu-Mund-Propaganda in dieser »Community« zu befördern. Dabei ging es um Fußbodenverleger, die mit ihrem Gerät aus Deutschland hohe Effizienzgewinne erzielten und bereit waren, Kollegen von dieser tollen Innovation zu erzählen, Vorführungen zu machen und den Verkauf aktiv zu unterstützen. Der Wermutstropfen war nur, dass sie nicht auch noch bereit waren, selbst zu verkaufen. Das hatten sie kategorisch abgelehnt.

Dabei spielte gar nicht mal so sehr die Bezahlung die entscheidende Rolle, sondern es war das Privileg, den Kollegen voraus zu sein und persönlich Teil einer kleinen »Success Story« zu werden. Im Land der unbegrenzten Möglichkeiten, das eben auch das Land der Avon-Beraterinnen und der »Tupper-Partys« ist, sind Marketing-Konzepte machbar, die wir in Deutschland für nahezu aussichtslos halten würden. Eingedenk dieses Unterschieds lautet meine Empfehlung: Gehen Sie Ihre strategischen Auslandsmärkte nicht mit Ihrer »deutschen Brille« an, sondern befassen Sie sich eingehend mit der Kultur, mit dem Land und den Leuten, bevor Sie Ihr gutes Geld fahrlässig zum Fenster hinaus werfen. Oft sind es unkonventionelle Ideen, die man hier bei uns nur belächeln würde, die den Erfolg bringen und außerdem meist nicht einmal teuer sind (s. Abb. 20).

### Fünfter Strategie-Baustein: Partner

Nachdem wir uns ausführlich mit den Vertriebssystemen beschäftigt haben, geht es nun um ganz andere Partner, die eben keine Absatzmittler im klassischen Sinne sind, aber dennoch großen Einfluss auf die Kaufentscheidendung potenzieller Kunden haben. In der Sprache des Internets geht es in der realen Welt um die gezielte »Verlinkung« mit anderen Akteuren, die ganz ähnlich gelagerte Interessen haben und sich mit ganz ähnlichem Impetus an dieselbe Zielgruppe wie Sie als Anbieter wenden.

Was im digitalen Modell gang und gäbe ist, etwa kooperatives Marketing, Banner-Tausch und die wechselseitige Verknüpfung, ist in der »Old

Economy« weniger üblich, aber nicht minder wirkungsvoll. Das beste Beispiel liefert der Heilmittelbereich. Der Patient geht in die Apotheke und verlangt das, was auf seinem Rezept steht. Wenn eine »orthopädische Fußbandage, Größe XY« verodnet wurde, lässt dies dem Apotheker jeden beliebigen Produktspielraum. Es wird die Abgabe in seinem Sinne optimieren. Hat der Orthopäde aber »Pedotrain Fußbandage, Größe XY« vorgegeben, führt der Apotheker nur noch aus. Also wird der Hersteller alles dafür tun, damit auf den Rezepten »Pedotrain« steht und nicht irgendwas. Dass es dabei wohl nicht immer nur mit rechten Dingen zugeht, lassen wir außen vor. Der verordnende Arzt ist also ein klassischer Partner der Industrie, da er hohen Einfluss auf die Kaufentscheidung hat.

Nun kenne ich fast keinen Markt, in dem nicht irgend eine Zielgruppe, wie hier die Orthopäden, wesentlichen Einfluss auf Kaufentscheidungen hat, ohne selbst unmittelbar in den Kauf- oder Verkaufsprozess eingebunden zu sein. Allerdings wundere ich mich immer wieder, wie wenig solche Partner in den Unternehmen Beachtung finden. Im Allgemeinen ist man sich über die Marktzusammenhänge noch nicht einmal richtig im Klaren.

Denken Sie doch zurück, wie lange es gedauert hat, bis die deutschen Automobilhersteller die Bedeutung der ADAC-Pannenstatistik erkannt haben! Sicher nicht das Einzige, allein ausschlaggebende Argument für oder gegen eine Automarke bzw. für oder gegen einen Fahrzeugtyp. Aber sicher ein Kriterium, das in der Kaufentscheidung oben steht! Ich möchte heute behaupten, dass viele asiatische Autohersteller, speziell die Japaner, auf dem deutschen Automarkt nie so weit vorangekommen wären, hätten sie nicht in der Pannenstatistik lange Zeit die besten Plätze belegt.

Unter der Überschrift »Partner« geht es also darum, bestimmte Einrichtungen, Verbände, Behörden und natürlich die Medien, für die eigenen Belange zu interessieren, um die eigene Position im Markt zu verbessern.

Als vor Jahren die Vogelgrippe für Hysterie in Europa sorgte, erwuchs ein Bombengeschäft für all jene daraus, die einen Beitrag zur Bekämpfung der angeblich drohenden Pandemie leisten durften. Ein Schelm, der meint, der Pharma-Industrie hätte diese Massenpsychose nicht genutzt!

Aber soweit muss es ja gar nicht erst kommen. Für einen Hersteller von Spritzpistolen reicht es schon, wenn ihn die Lackhersteller explizit empfehlen, ebenso wie es für Werkzeughersteller vorteilhaft ist, in den Werkstatthandbüchern der großen Markenfabrikate mit globaler Geltung aufgeführt zu sein. Das öffnet Türen noch in den entlegensten Winkeln der Welt.

Oder nehmen wir noch einmal den schon zitierten Hersteller von Traktoren, speziell von Kommunaltraktoren. Kein Kunde will nur einen Traktor kaufen. Fast alle wollen auch eine Kehrmaschine, eine Mähmaschine und ein Schneeräumgerät. Also liegt es doch sehr nahe, mit Herstellern entsprechender Geräte eine Partnerschaft einzugehen, um den Traktor und das Anbaumodul optimal aufeinander abzustimmen, damit der Kunde eine stimmige Gesamtlösung erhält. Dass dazu auch gemeinsame Werbeauftritte, Vorführtouren usw. gehören, versteht sich von selbst.

Ein anderer großer Bereich ist das Sponsoring: Der Sportler-Partner soll dafür sorgen, dass seine überdurchschnittliche Performance zumindest ideell auf den Markeninhaber übergeht. Auch wenn beides eigentlich nichts miteinander zu tun hat, wirkt der künstlich hergestellte Zusammenhang doch unterschwellig positiv auf das Kaufverhalten der Konsumenten. Dass diese Form des »Partnerings« freilich nicht nur Vorzüge hat, wissen wir spätestens seit diversen Doping- und Wett-Skandalen.

Dass die beiden Strategiebausteine »Places« und »Partner« eng miteinander verbunden sind und sich bisweilen überhaupt nicht voneinander trennen lassen, zeigen die oben erwähnte »Avon-Beratung«, die »Tupper-Parties« und die Veranstaltungen des Herstellers »Herbalife. Alle nutzen das private Umfeld, um durch persönliche Empfehlungen glaubwürdiger Menschen aus sozialen Bezugsgruppen Kaufanreize zu schaffen. Diese Freunde, Bekannten und Verwandten werden zu Partnern für Multiplikatoren-Effekte gemacht: Was Nachbarin Müller gut tut, tut es mir auch.

Dem entsprechend hat die Toolix AG ihre ersten Verkaufserfolge mit Elektrowerkzeugen in den USA dadurch erzielt, dass sie auf die Mundpropaganda von Fachmann zu Fachmann setzte. Auf Demo-Touren haben Schreiner, die stolz auf ihre Arbeit und ihr Werkzeug waren, ihren Kollegen an attraktiven Orten wie den Filmstudios in Hollywood gezeigt, was die Werkzeuge alles können. Kein ganz billiger Weg, aber viel überzeugender als ein Allerweltsverkäufer in einem Baumarkt, der noch nie in seinem Leben selbst ein vorzeigbares Werkstück aus Holz gefertigt hat!

Wenn es dann noch gelingt, die »Environmental Protection Agency (EPA)« für die integrierte Staubabsaugung der Werkzeuge zu begeistern und daran mizuwirken, dass eine Staubabsaugung bei Sägen gesetzlich vorgeschrieben wird, ist das Maximum an »Partnership« für einen europäischen Werkzeughersteller erreicht. Denn ohne Vorschrift nehmen amerikanische Handwerker das Feature »Staubabsaugung« kaum wahr. Andererseits müssen sie in den USA dank solcher Vorschriften außer ihren Werkzeugen für die Arbeit in geschlossenen Räumen sonst Staubsauger kaufen, die mit dem Elektrowerkzeug kompatibel sind. Ein großer Markt, der sich ohne das »Partnering« auf Behördenebene nie erschließen ließe.

Dasselbe gilt für die Hersteller von Rührwerken, Rührstäben und Betonpumpen in der Bauindustrie. Ohne intensivste Zusammenarbeit mit der Zementindustrie und mit den Produzenten von Bauchemikalien wäre der Erfolg solcher Geräte sehr begrenzt geblieben. Dank des partnerschaftlichen Zusammenspiels von Baustoffproduzenten und Maschinenherstellern gelang es jedoch, Anwendungen zu realisieren, bei denen der Beton 300 Meter hoch gepumpt werden kann. Eine gewaltige Leistung, die zudem die Produktivität auf manchen Baustellen nachhaltig verbessert und dadurch hohe Umsatzpotenziale für alle Beteiligten erschlossen hat.

Natürlich ließe sich über die Nutzung von »Partnering« wie über die Kernthemen der anderen Kapitel auch ein Buch schreiben. Hier geht es aber hauptsächlich darum, Ihre Aufmerksamkeit auf diesen Aspekt der Geschäftsentwicklung zu lenken. Wir können leider nicht alles beleuchten.

**ZWEI FESTSTELLUNGEN ZUM STRATEGIE-BAUSTEIN »PARTNER«**

1. Identifizieren Sie mögliche Partner, mit denen sich eine enge Kooperation aufbauen lässt, die für beide Seiten Vorteile bietet

   - in der Wertschöpfungskette vor- oder nachgelagerter Funktionen aus Sicht des Kunden;
   - komplementäre Produkte für den Erfolg beim Kunden;
   - Interessensverbände;
   - Medien, sofern relevant für die eigene Zielgruppe;
   - Behörden.

2. Suchen Sie nach Verbindungspartnern in den neuen Medien, um Ihre Sichtbarkeit im Netz zu erhöhen und machen Sie sich die Dynamik der Netz-Ökonomie zu eigen.

Abb. 21

Schauen Sie sich also Ihre Marktstrukturen und Ihre Kunden genauestens an. Wo gibt es mögliche Hemmnisse, deren Überwindung im Zuge des klugen Zusammenspiels mit Partnern Ihrem Geschäft zu neuen Perspektiven verhelfen würde? Wenn Sie hier Punkte sehen, lohnt sich die intensive Beschäftigung mit diesem Hebel erfolgreicher Unternehmensführung. Doch selbst dann, wenn Kooperationen nicht erfolgskritisch für Sie sind, lohnt es sich, sich mit potentiellen »Steigbügelhaltern«, wie ich die Partner respektvoll nenne, zu befassen. Man weiß ja nie (s. Abb. 21).

## Sechster Strategie-Baustein: Präsentation

Sie haben recht, eigentlich ist es vermessen, in einem Buch, das praktische Ratschläge für nachhaltige Unternehmensführung geben will, Erfolgsfaktoren vorbildlicher Werbung und Präsentation darstellen zu wollen. Das wüssten die ausgewiesenen Fachleute dieser Disziplin doch wahrscheinlich viel besser! Andererseits bildet sich fast jeder Vorstand oder Geschäftsführer ein, in Sachen Marketing und Werbung ein absoluter Experte zu sein. Vor diesem Hintergrund bin ich jeodch oft überrascht, wie dilettantisch viele Unternehmen ihre Marketing-Etats verwenden, wobei unerheblich ist, wie groß oder klein die Einheiten sind. Frappierend ist nur, dass in der Produktion jeder Krümel eine Chance hat, gezählt zu werden, jede Schraube wird inventarisiert, während in der Marketing-Kommunikation Unsummen fließen ohne ein Gefühl, geschweige denn Kriterien zu entwickeln, welche Wirkung mutmaßlich aus welcher Maßnahme resultiert, von der tatsächlichen Messbarkeit der Effekte ganz abgesehen.

Ich behaupte nicht, dass es einfach ist, die Verkaufswirkung von Marketingaktivitäten zu messen, sicher nicht. Aber es geht doch sehr wohl und der Versuch bringt in der Praxis erstaunliche Erkenntnisse hervor.

Erlauben Sie mir an dieser Stelle insofern einige grundsätzliche Bemerkungen zu diesem Strategie-Baustein, die meiner jahrelangen praktischen Erfahrung entspringen und die sich dessen ungeachtet eher am gesunden Menschenverstand orientieren als an einer ausgeklügelten Theorie.
Die erste, scheinbar wieder triviale Bemerkung lautet: Präsentation muss sein! Was soll denn die ganze Arbeit nützen, beginnend bei der Positionierung, über die Entwicklung toller Leistungsangebote und den Aufbau einer professionellen Vertriebsorganisation, wenn Ihre Zielkundschaft gar nicht weiß, was Ihr Unternehmen alles leistet, weil weder Sie noch Ihre Marke noch Ihr Angebot in die Wahrnehmung treten? Diesbezüglich schlummern in vielen Firmen gewaltige Umsatz- und Ertragspotenziale, wenn es denn nur gelingen würde, die Produkte und Leistungen einem breiten Publikum eindringlich nahezubringen. Prüfen Sie doch einmal selbst in Ihrem Unternehmen, wie viel Geld Sie in F&E investieren und wie viel Sie dafür ausgeben, Ihr Portfolio danach im Markt bekannt zu machen.

Ich habe hier auch keine goldene Regel für Sie, doch die Praxis lehrt, dass der Kommunikationsaufwand den Entwicklungsaufwand um ein Vielfaches übersteigt, wenn eine Leistung wirklich im Markt verankert werden soll. »Trommeln gehört zum Geschäft«! Das aber wird heute gern verdrängt oder vergessen oder man begnügt sich mit einer kleinen Geräuschkulisse, die mangels Nachdruck im großen Rauschen des Marktes untergeht.

Natürlich müssen Sie sparen, und zwar immer und stets. Außerdem führen Kommunikations- und Marketing-Etats in Krisenzeiten die Streichliste vermeintlicher Entbehrlichkeiten an. Aber bedenken Sie auch: Nicht realisierte Werbung erzeugt Opportunitätskosten, weil Sie die Chance verpassen, Ihr Unternehmen in der Krise als krisenresistent darzustellen. Denn Ihre Wettbewerber kürzen ihre Marketing-Etats ja auch. Deshalb empfehle ich Kontinuität und manchmal antizyklisches Verhalten, selbst auf die Gefahr hin, dass beides in der GuV-Rechnung Spuren hinterlässt.

Im Übrigen gilt: Haben Sie Mut und gehen Sie Experimente ein! Gerade weil es keine allgemeine Theorie erfolgreicher Präsentation und Kommunikation gibt, und schon gar kein Konzept, das sich eins zu eins auf Ihr Unternehmen und auf Ihr Angebot übertragen ließe. Was in Ihrer Branche wirkt, wie Ihre Zielkundschaft reagiert, was Ihr Wettbewerb macht, wenn er Ihre Aktivitäten bemerkt: All das müssen Sie selbst herausfinden! Es bleibt Ihnen nicht erspart, Ihren Marketing-Mix immer wieder zu überprüfen und um neue Aktivitäten zu ergänzen bzw. Ihre Etats umzuschichten.

Richtigerweise beginnen Sie mit einer Bestandsaufnahme sämtlicher Maßnahmen und Aktivitäten, die in Ihren Budgets stehen und fragen sich, inwieweit die Schwerpunkte in unserem Zeitalter von Internet, »Social Media«- und »Open Source«-Marketing immer noch richtig gesetzt sind. Dort, wo Sie Lücken sehen, sollten Sie neue Präsentationsformen einfach mal ausprobieren. Zunächst mit kleinem Budget. Nach den ersten Erfahrungen vielleicht mit etwas mehr. Sonst erfahren Sie nie, wie Ihre Zielkundschaft auf den neuen Kommunikationsweg reagiert. Generell unterschätzt der Mittelstand die Rolle des Internets für die Entscheidungsprozesse seiner Kunden immer noch sehr. Dabei müssen neue Aktivitäten ja nicht immer mehr Budget bedeuten. Man kann seine Etats so umschichten, dass effiziente Maßnahmen beibehalten werden können.

Die dritte Bemerkung: In der spezifischen Zielgruppenansprache liegt die Kraft! Auch wieder so ein trivialer Satz, wenn Sie mir in der Lektüre durch alle Strategie-Bausteine folgen. Aber das ist ja gerade der unschätzbare Vorteil, wenn wir die Zielgruppe nach der Marktsegmentierung klar fassen können, dass wir unsere Botschaften nämlich auch gut platzieren und so aufbereiten können, dass die Zielgruppen den Kontext wiedererkennen, in dem sie ihre Kaufentscheidungen treffen. Ich möchte sogar soweit gehen, dass die Positionierung über alle anderen Vorteile hinaus allein schon wegen der klar fokussierten Kommunikation von unschätzbarem Wert ist.

Den häufigsten Fehler machen Unternehmen, wenn sie »Universalbotschaften« verbreiten, und zwar unabhängig vom jeweiligen Medium, statt sich maßgeschneidert auf strategisch klar definierte Marktsegmente zu fokussieren und Werbebotschaften auf diese Zielgruppen, also auf die Zielsegmente, zu konzentrieren. Kein Etat im Mittelstand ist groß genug, um alle Zielgruppen mit allen Produktbotschaften zugleich zu penetrieren. Also ist zu entscheiden, auf welches Zielsegment welches Leistungsangebot am besten passt, so dass es die nachhaltigste Werbewirkung erzielt. In diesem Sinne war es ein bedeutender Schritt nach vorn, als wir in der hier zitierten Molkerei erkannten, dass der Joghurttyp »Knabber« speziell nach dem Abendessen konsumiert wurde, und zwar in Familien mit Kindern, in aller Regel beim Spielen oder vor dem Fernseher. Demgegenüber wurden Milchshakes meist von Jugendlichen in den Schulpausen konsumiert, wobei hier zwei Geschmacksrichtungen besonders beliebt waren.

Ja, super: Jetzt weiß ich doch wenigstens, wen ich ansprechen muss und welche Botschaft wann von wem am ehesten verstanden wird. Abends TV-Spots für Milchshakes mit »Mid-Agern« zu senden ist also genauso Verschwendung wie im Frühstücksfernsehen Jugendliche für den Joghurt »Knabber« werben zu lassen. Ich kann mir schon denken, dass Sie das nicht mehr hören können, aber ohne klare Zielgruppen-Positionierung und ohne direkten »Fit« im Produkt gibt es keinen »Fit« in der Werbung. Sie verschwenden nur viel Zeit und Geld. Das muss nicht sein.

Der nächste Schritt besteht in der Wahl des Mediums und in der Festlegung der Art und Weise, wie ich meine Botschaft verbreiten will sowie in der Festlegung des richtigen »Contents«, in den ich die Botschaft stelle.

Die vierte Bemerkung: Spezifische Aussagen bei völliger Vermeidung von Beliebigkeit! Wie heißt denn die Kernbotschaft, die wir kommunizieren wollen? Was macht unsere Leistung denn wirklich einzigartig? Machen Sie sich doch mal den Spaß und blättern Sie Zeitschriften durch und fragen Sie sich: Was will mir die Anzeige eigentlich sagen? Warum soll ich dieses oder jenes kaufen? Sie werden wie ich erstaunt sein und als Unternehmer vielleicht mitunter sogar entsetzt, wie viele Gemeinplätze Ihnen dort begegnen, ohne starke Aussage hinsichtlich des »Warum« für den potenziellen Kunden, von klarer Nutzenargumentation gar nicht zu reden.

Diese Beobachtung ist übrigens unabhängig davon, ob Sie eine Modezeitschrift, eine TV-Illustrierte oder eine Fachzeitschrift analysieren. Werbern fällt es ungemein schwer, sich auf eine Botschaft, die wirklich überzeugt, festzulegen und diese Kommunikation mit einem Benefit für den Kunden zu kombinieren. Statt dessen wird getextet und fotografiert auf Teufel komm raus. Dadurch sind viele Anzeigen überladen. Am besten fünf Botschaften auf einmal! Aber so funktioniert das nicht! Das Credo lautet: »One message only!« Klar gesagt, lange bekannt, aber offenbar schwer umzusetzen. Statistiken zeigen, dass normale Leser im Schnitt kaum drei Sekunden bei einer Print-Anzeige verweilen. Was aber können Sie in diesem Augenblick kommunizieren? Oder in den 15 Sekunden eines TV-Spots? Da ist Beschränkung angesagt jedenfalls keine Opulenz.

In Sachen Präsentation haben es Preisführer in der Regel sehr viel leichter als Leistungsführer. Ihnen reicht es, egal wo, einen Rabattstempel auf ein Produkt zu knallen, die Preise durchzustreichen oder zu überkleben. 20 % auf alles! Direkte Botschaften. Beileibe kein Hexenwerk. Ein Handgriff, eine Nachricht: Von jedermann sofort zu erkennen und zu verstehen.

Wie aber bringt der Leistungsführer, seine Überlegenheit an den Mann oder an die Frau ohne im Werbegetöse unterzugehen? Das ist die spannende Frage, die schon viele gute Ansätze immer wieder ausgebremst hat.

In Workshops mache ich gern den Test, in die Werbebotschaften eines Herstellers statt des Logos oder des Produktnamens meiner Klienten die Markenzeichen ihrer Hauptwettbewerber einzusetzen. Machen Sie das mal! Das ist sehr aufschlussreich, allerdings oft auch bitter! Mensch, das passt ja genau zu unserem Werbetext und in unsere Kampagne. Das, was wir von uns sagen, können die auch sagen. Also völlig austauschbar!

Welche Wirkung soll eine offenkundig so unspezifische Werbung, eine so uneindeutige Botschaft auf Ihre Zielkunden haben? Sie ahnen es: Keine! Zumindest aber sind wir sehr leicht verwechselbar mit der Konkurrenz! Sollte das das Ergebnis einer teuren Mediakampagne sein? Wohl kaum!

Heißt im Klartext: Sie sollten genau verstanden haben, was Ihre Kunden wollen. Das kennen wir ja schon. Und wenn Sie im zweiten Strategie-Baustein gute Arbeit geleistet haben, treffen Sie die »Key Buying Factors« Ihrer Zielkunden deutlich präziser als Ihre Wettbewerber, oder? Na, dann bringen Sie das doch auch in Ihrer Werbung auf den Punkt! Und zwar in einer Form, dass das, was Sie benennen, kein Wettbewerber beanspruchen kann. Das Ganze vielleicht sogar noch hinterlegt mit ein paar objektiven, gemessenen Zahlen. Aber verlieren sie sich nicht in technischen Details oder in zu vielen »Claims«. Das Motto »One message only« ist richtig!

Aber es kann auch andere Missverständnisse geben. So war ich mal geschockt, als ich für einen Werkstattausrüster mit der Zielgruppe Maler und KFZ-Lackierer unterwegs war und Interviews führte. Hatten mir die KFZ-Lackierer doch allen Ernstes gesagt, »Ihren Katalog können Sie vergessen! Da schaut keiner von uns rein. Der ist ja voll mit Malern und Maler-Anwendungen«. Ich entgegnete: »Ja, aber wir haben doch auch viele Anwendungsbeispiele aus Ihrer Branche dabei«. Daraufhin kriegte ich zu hören: »Das interessiert uns nicht. Nur weil wir auch mit Farbe arbeiten, haben wir doch mit Malern nichts zu tun. Wir sind Künstler! Das sind Handwerker!«

Die Konsequenz war klar, aber ziemlich teuer: Wir mussten künftig zwei Kataloge gestalten, jeweils individuell für jede der beiden Branchen mit ihren spezifischen Anwendungen und fotografisch in ihrer eigenen Arbeitsumgebung in Szene gesetzt. Der doppelte Aufwand, aber es gab keine Alternative, da wir ja die KFZ-Lackierer ausdrücklich erreichen wollten.

Oder nehmen Sie den Hersteller von Komponenten für die Automatisierungstechnik: Richtig glücklich ist der Kunde immer erst dann, wenn er sich in seiner Branchenwirklichkeit wiedererkennt und sieht: Die haben mein Problem verstanden! Die kennen sich wirklich aus! Hier ein Bild aus einer Brauerei zu nehmen, dort eins aus dem Maschinenbau und noch eins aus der Pharma-Industrie ist in Ordnung, wenn die Marke dargestellt werden soll. Wenn aber die spezifische Kompetenz herauszustellen ist, kommt niemand um die spezielle Präsentation im Kundenkontext herum.

Und noch ein Beispiel: Ein Hersteller von Maschinen zur nahtlosen Verbindung von Kunststoffteilen hatte einen für seine Verhältnisse großen Stand auf einer der bekanntesten Kunststoffmessen der Welt gebucht. Der Auftritt war sehr ordentlich. Es wurde vorgeführt. Die Mannschaft war agil, aber das Finale war deprimierend. Viel Interesse, aber keine Resultate.

Was lief verkehrt? Was hatte der Marketingleiter falsch gemacht? Ganz einfach: Er hatte nicht bedacht, dass nicht die Hersteller von Kunststoffmaschinen und auch nicht deren Kunden seine Zielgruppe sind, sondern die Hersteller elektronischer Bauteile für die Medizintechnik und für die Fahrzeugelektronik, die ihre Komponenten nach der Montage in Kunststoffgehäuse »verpacken« und verschweißen. Diese Firmen aber kommen nicht auf eine Kunststoff-Messe in Europa, sondern sie sind primär auf Elektronik-Messen in Asien und allenfalls noch in Amerika anzutreffen.

So habe ich viele Anlässe gesehen, bei denen an sich gute und richtige Maßnahmen relativ wirkungslos verpufften, weil die Zielgruppendefinition nicht klar war, so dass keine effiziente Kundenansprache erfolgen konnte.

Je nach der Definition der Zielgruppe sind die Mittel zu wählen. Je enger sie Ihre Zielkundengruppe fassen, umso mehr können Sie mit vertretbarem Aufwand an sie heranrücken. Ein Fahrzeug der Premiumklasse kann ich der Zielkundengruppe bei effizienter Organisation vielleicht noch in personalisierter Direktansprache nahebringen. Die Selektionskriterien der Zielkundengruppe sind relativ klar, die Adressen sind beschaffbar. Dafür lässt sich ein Mittelklassemodell so nicht mehr präsentieren. Die Zahl der potenziellen Kunden ist für die personalisierte Direktansprache viel zu groß. Von der Markteinführung einer neuen Schokolade also ganz zu schweigen!

An dieser Stelle wird erneut deutlich, weshalb ich auf die Segmentierung und auf die Zielkunden-Definition so großen Wert lege: Je klarer Sie Ihr Zielsegment im Markt beschreiben und je profilierter Sie die Zielkundengruppe herausarbeiten, umso effizienter lässt sich Ihre Zielgruppe adressieren. Im Idealfall persönlich, zumindest aber zuverlässig personalisiert.

Klar muss doch sein, dass eine persönliche Einladung zur Probefahrt eines neuen Sportwagens eine andere Wirkung, also Effizienz, als eine Anzeige in einem Automagazin hat. Andererseits bieten Inserate unter dem Vorzeichen großer Zielgruppen, wenn sie ein Response-Element haben, heute am besten gleich via Internet, die Chance, dass sich potenzielle Kunden angesprochen fühlen und Interesse an einer Probefahrt bekunden. Damit holen Sie aus x-tausend Lesern 0,5 bis 2,5 % aus der Anonymität, bei denen Sie dann zur personalisierten Präsentation übergehen können. Ohne Response-Element bleibt die Sache reine Werbung. Sie können nur hoffen, dass Kunden den Weg in den »Show-Room« finden.

Wie viele Kunden sich aber animiert fühlen und eine Probefahrt wünschen, hängt letztlich wieder davon ab, wie sehr das Produkt die Erwartungen des Zielkundensegments trifft, ob das Preis-/Leistungsverhältnis stimmt und ob die Anzeige auf die Befindlichkeit der Zielkunden abgestimmt ist.

So sind IT-Spezialisten und Zahnärzte überraschenderweise eine dankbare Zielgruppe für Do-it-yourself-Werkzeuge. Diese Menschen scheinen ihre praktische Begabung in der Freizeit zu nutzen, um sich durch Renovierungen oder selbst gebaute Möbelstücke zu verwirklichen oder um einige Fähigkeiten auszuleben, die in ihren Berufen zu kurz kommen.

Andersherum: Je breiter die Zielgruppe ist und je unspezifischer Sie in der Präsentation vorgehen müssen, umso mehr nehmen natürlich die Streuverluste zu. Bei reinen Konsumgütern wie Schokolade, Milchprodukten, Waschmitteln oder Shampoos gilt, dass Sie bei gut verhandelten Konditionen mindestens drei Jahre lang inklusive TV-Schaltungen rund 10 Millionen Euro Werbeetat im Jahr einsetzen müssen, um ein Produkt im deutschen Markt so zu propagieren, dass es eine selbsttragende Nachfrage erzeugt, falls es denn überhaupt von den Verbrauchern angenommen wird.

Da sind die wahren Unternehmer gefragt, die bereit sind, hohe Risiken einzugehen, wenn sie von ihrem Produkt oder ihrer Dienstleistung überzeugt sind. Wenn das schief geht, kann es das Ende von allem bedeuten. Mit »kleckern« geht im Massenmarkt wenig, da müssen Sie »klotzen«. Auch deshalb sind ja die klassischen Konsumgüter-Märkte weitgehend in der Hand der Néstles, Procters & Gambles, Danones und Unilevers. Diese Konzerne haben das Know-how und die Mittel, um große Kampagnen zu realisieren. Gleichwohl war und bin ich überrascht, wie viel »Trial and Error« selbst in der »Champions League« immer noch herrscht.

Doch zurück zu den Gebrauchs- und Investitionsgütern, bei denen sich Zielgruppen besser segmentieren lassen, so dass fokussierter vorgegangen werden kann. Mit dem Beispiel der Probefahrt habe ich meine Präferenz im Hinblick auf die Wirkungseffizienz von Maßnahmen dargestellt: Je überlegener Ihr Produkt bzw. Ihre Dienstleistung im Sinne klarer Leistungsführerschaft ist, umso entscheidender ist es, Kunden die Überlegenheit spüren zu lassen und sie emotional für dieses Angebot zu begeistern.

Das Erfahrungsspektrum, das Sie Ihren Kunden eröffnen können, reicht von der haptischen Befühlung eines Stoffmusters über die Verkostung eines neuen Drinks im Lebensmittelhandel bis zur erwähnten Probefahrt: Der Kunde sollte jedenfalls mit allen Sinnen erfassen können, was Ihr Angebot wirklich leistet, insbesondere aber, worin dessen Einzigartigkeit besteht. Diesbezüglich habe ich bei Gebrauchsgütern sehr gute Erfahrungen mit einer »Geld-zurück-Garantie« gemacht. Hier hatten Kunden die Gelegenheit, das Produkt 30 Tage gründlich zu testen. Gefiel es nicht, konnten sie es ohne Angabe von Gründen in dieser Frist zurückgeben.

Viele Unternehmer scheuen jedoch diese Garantie, da sie hohe Rückläufe fürchten. Wenn ihr Produkt aber wirklich toll ist, also qualitativ völlig einwandfrei, liegt die Rückgabequote unter 3 %! Ein beherrschbares Risiko also, zumal die Rückläufer in der Regel als Gebrauchtgeräte weiterverkauft werden können. Klar ist, dass sich nicht jedes Produkt wirklich zur Rückgabe eignet, doch dort, wo die Möglichkeit besteht, sollten Sie diese vertrauensbildende Maßnahme im Vertrauen auf Ihre Kunden nutzen.

Die fünfte Bemerkung: Messen, messen, messen. Hier ist zunächst zu klären, wie viel Geld laut Budgetplanung überhaupt für die Präsentation zur Verfügung steht. Sie sollten alles, was Sie in diesem Bereich bislang in der Ergebnisrechnung verarbeitet haben, auf den Tisch legen und die Summen betrachten. Sie werden überrascht sein, welche Beträge sich da in der Addition zeigen: Messen, Anzeigen, Radio-Spots samt Produktionskosten, Thekendisplays, Demotouren, Kataloge, die neue Internet-Präsenz. Ja, saldieren Sie mal. Der Gesamtaufwand dürfte erheblich sein.

Ordnen Sie danach die einzelnen Maßnahmen den von Ihnen festgelegten Zielkundensegmenten zu. Im dritten Schritt ist zu überlegen, welchen Wertbeitrag jede einzelne Maßnahme in zusätzlichen oder gehaltenen Deckungsbeiträgen bringt. »Ja, woher soll ich das denn wissen?«, werden Sie sagen – und haben das Problem damit auf den Punkt gebracht!

Sie wissen es nicht, geben aber sechs- oder siebenstellige Beträge für Werbung und Verwandtes aus, ohne prüfen zu können, welche Wirkungen die Aktivitäten haben. Folglich können Sie nicht entscheiden, wo Ihr Geld gut oder schlecht angelegt ist. Vor allem aber wird sich Ihr Marketingleiter reflexartig entrüsten, dass er die Wirkung von Werbemaßnahmen messen soll. Sie werden hören: »Das haben wir doch noch nie gemacht!«

Wie viele neue Kundenkontakte haben denn Ihre letzten Messeauftritte erbracht? Wie viele Aufträge haben Sie dort direkt geschrieben und mit welchem Wert? Wie hoch war die Responsequote auf Ihr letztes Mailing? Wie viele Teilnehmer hatte Ihr Gewinnspiel im Internet? Wie viele Testpakete wurden abgerufen und wie viele Probefahrten wurden absolviert? Konkrete Fragen über konkrete Fragen, die Sie unbedingt beantworten sollten, wenn Sie Ihren Präsentations-Etat professioneller steuern wollen.

Idealerweise haben Sie zu diesem Zweck über lange Zeiträume die entsprechenden Daten erfasst und die Effizienzparameter gebildet, etwa die Messekosten pro Neukontakt oder pro Euro Auftragseingang, oder die Mailingkosten pro Neukontakt oder pro Folgekontakt. Mit diesem Ansatz können Sie nicht nur die Effizienz der einzelnen Maßnahmen bewerten, sondern Sie können auch die Effizienz über bestimmte Zeiträume ermitteln und jedes Ereignis bewerten. Also: Messe X war viel effizienter als Messe Y. Fragt sich, warum? Was war anders? Ein Lernprozess beginnt.

Tatsächlich ist es keine Kunst, große Budgets zu platzieren, aber es ist eine Kunst, zumindest im Prinzip den plausiblen Nachweis zu führen, welche Maßnahme welche Ergebnisse erwirtschaftet hat, um aus diesen Informationen kontinuierlich zu lernen, wie Maßnahmen noch effizienter gemacht werden können, Rückschläge bzw. Rückschritte inklusive! Denn das gehört zum experimentellen Lernen dazu: Dass es Frust gibt, weil man eine Aktivität versehentlich »verschlimmbessert« hat. Hier zählt die Erkenntnis.

Machen Sie sich die Mühe und erstellen Sie eine Tabelle, die alle wesentlichen Maßnahmen zur Präsentation enthält und deren Wirkung Sie zuerst grob, später jedoch immer präziser abschätzen und bewerten (s. Abb. 22).

Sie werden sehen, die Messergebnisse werden schnell Entscheidungen nach sich ziehen, weil die gewonnene Transparenz zu ganz konkreten Korrekturen auffordert. Wenn ich künftig messen will, setzt das aber auch voraus, dass die Werbemedien so aufgebaut werden müssen, dass ich auch wirklich messen kann, dass Anzeigen, Mailings oder Internet-Aktivitäten Response-Elemente enthalten, aus denen ich ersehen kann, ob die Maßnahme zumindest bewirkt hat, dass wir Reaktionen erhalten. Von Käufen sind wir dann natürlich immer noch weit entfernt. Zur Ergänzung noch etwas über Präsentationsmaßnahmen aus der Praxis für die Praxis:

## VERSCHAFFEN SIE SICH EINEN ÜBERBLICK ÜBER DIE WÄHREND EINES JAHRES PRO ZIELSEGMENT DURCHGEFÜHRTEN PRÄSENTATIONSMASSNAHMEN IN BEZUG AUF AUFWAND UND WIRKUNG

| Präsentationsmaßnahmen | Zielsegment A | | Zielsegment B | | Zielsegment C | |
|---|---|---|---|---|---|---|
| | Aufwand Mio. € | Ergebnis Marktanteil Response | Aufwand Mio. € | Ergebnis Marktanteil Response | Aufwand Mio. € | Ergebnis Marktanteil Response |
| Fernsehwerbung | | Marken-bekanntheit ... | | | | |
| Radiowerbung | | ... | | | | |
| Anzeigen-Kampagne in »Special Interest«-Magazinen | | | | | | |
| Internet-Kampagne | | | | | | |
| Roadshow | | | | | | |
| POS-Maßnahmen | | | | | | |
| Testaktion | | | | | | |
| Messebesuch X, Y, Z | | | | | | |

**Gesamt-Ergebnis: Umsatz
Auftragseingang
Deckungsbeitrag**

Abb. 22

- Fernsehwerbung: Ich war doch ziemlich überrascht, als ich seinerzeit als einfacher »Maschinenbauer« in das Mekka der Marketing-Kommunikation, nämlich in die Welt der »Fast Moving Consumer Goods« (FMCG) gewechselt bin und erleben musste, mit wie viel Chuzpe hier herumhantiert, eigentlich aber mehr herumdilettiert, wurde, um ein Produkt zielgruppenadäquat in Szene zu setzen.

Eigentlich hätte ich erwartet, dass es da in Anbetracht der Milliarden Euro, die jährlich für Präsentation und Werbung aufgewandt werden, schon so etwas wie allgemeine Grundsätze effizienter TV-Werbung gegeben hätte. Aber da war nichts, rein gar nichts zu erfahren, außer allgemeinsten Überlegungen, was denn wohl besser wäre, Werbespots mit sympathischen Protagonisten zu machen oder doch eher ganz ohne Menschen? Man redete darüber, wie die Musik aufgebaut sein sollte und wie viele Szenenwechsel ein 30-Sekunden-Spot verträgt. Nichts als ein grandioses Meinungspotpourri ohne jede greifbaren Erkenntnisse, die mit Zahlen, Daten und Fakten hinterlegt gewesen wären. Ein teurer Blindflug.

Wenn ich fünf Fachleute um Auskunft bat, welchen Gesetzmäßigkeiten die Werbung folgen soll, bekam ich sechs Antworten. In der ganzen Zeit im Markt der FMCG habe ich nur einen einzigen Profi kennengelernt, der genau wusste, wie TV-Werbung auszusehen habe und wie sie aufgebaut sein müsse, wenn sie wirken solle und der durch Fakten, also messbare Erfolge nachweisen konnte, dass seine Überzeugungen keiner grauen Theorie entsprangen, sondern auf Empirie beruhten. Dieser Mann hat es in Deutschland mit einer Agentur und klaren Aussagen geschafft, sein bis dato unprofiliertes Brauereiprodukt in einem extrem harten Verdrängungswettbewerb in nur zehn Jahren zur Nummer eins im Biermarkt zu machen.

Deshalb möchte ich Ihre Erwartungen in Bezug auf konkrete Empfehlungen für Ihr Unternehmen klein halten. Ich habe bis heute noch keine belegbaren Ursache-/Wirkungszusammenhänge für effektive Präsentation gefunden. Diesbezüglich bleibt vieles Glaubenssache. Trotzdem möchte ich nachstehend sozusagen exemplarisch einige Prinzipien wiedergeben, die ich von jemandem gelernt habe, der bewiesen hat, mit klarer, reflektierter Systematik mit TV-Werbung große Ziele erreichen zu können:

- Die Werbebotschaft muss ein latentes Urbedürfnis breiter Menschenschichten befriedigen! In seinem Fall das Bedürfnis nach Reinheit und Naturverbundenheit, also keine Anklänge an Chemie oder Zusätze. Kurz und klar zusammengefasst: »Eine Perle der Natur«!

- Nicht kleckern, sondern klotzen: Dann müssen eben auch mal 50 Millionen Euro in die besten Werbezeiten, etwa bei Live-Übertragungen von Formel-1-Rennen, fließen. Eine der riskantesten, aber besten Entscheidungen als Unternehmer, wie er immer wieder sagt.

- Produkt-Charakteristik und Werbung müssen einen Gleichklang ergeben. Ein Bier, das auf den Geschmack breiter Bevölkerungsschichten in der Mitte Deutschlands abgestimmt ist, verträgt keine Bilderwelt mit Hochseeregatten, Stränden oder Alpenpanoramen. Im Norden unseres Landes wird Bier von den meisten Menschen herb und im Süden süffig-mild getrunken. Die Marken aus diesen Gegenden passen dementsprechend besser zu Meer und Bergen.

- Eine einmal erprobte Werbebotschaft bzw. ein Sujet sollte so lange wie möglich beibehalten werden, am besten 10 oder 20 Jahre! Unverändert dieselbe Botschaft wiederholen, gebetsmühlenartig! Bis diese Botschaft sitzt! Nachhaltige Werbung muss in langen Zyklen denken. Hinzu kommt, dass nicht in Wochen zu messen ist, ob eine Werbebotschaft beim Konsumenten ankommt oder nicht. Das ist das eigentliche Dilemma. Sie werfen im schlimmsten Fall viel Geld zum Fenster hinaus, bevor Sie wirklich wissen können, die Botschaft ist angekommen, sie wirkt oder aber alles war »für die Katz«!

- Noch eine Überzeugung: Keine Gesichter in der Werbung. Eine Ausnahme war der Melitta-Mann Egon Wellenbrink, der von 1989 bis 1999 vor der Kamera stand. Auf gar keinen Fall aber irgendwelche Promis. Der Absturz der Ikone ist nur eine Frage der Zeit, dann stürzen Sie als Unternehmen mit. Haribo hat diesbezüglich Glück mit Gottschalk. Müller-Milch hatte weniger Glück mit Bohlen. Das ist nicht vorhersehbar. Darauf sollten Sie sich lieber nicht einlassen.

Überhaupt: Gesichter, Menschen spalten das Publikum. Die kleine Kati hatte vor einigen Jahren als Darstellerin für den Frucht-Joghurt »Froop« gewirkt, doch ein nicht unerheblicher Prozentsatz der potentiellen Kunden erklärte zugleich, »Froop« bewusst nicht zu kaufen, und zwar wegen Kati!

► Halt, noch eine Regel: Den Namen des Produkts so oft wie möglich in Wort und Bild wiederholen. Und die Musik so einprägsam wie möglich wählen. So, dass Sie noch in Küche und Klo verstanden wird, wenn der Werbeblock im Fernsehen zum »Boxenstopp« dient.

Messebesuche: Sie glauben gar nicht, welcher Ehrgeiz und Spaß in unserer Vertriebsmannschaft geweckt wurde, als wir auf Endkundenmessen Verkaufsziele pro Messetag ausgaben. Plötzlich wurde die Teilnahme direkt bewertbar, indem sogar ein »Return on Investment« berechenbar war. In unserem Fall zeigte sich, dass eine Standgröße um die 300 qm und ein Team von zehn Mitarbeitern am effizientesten war, was sich bei entsprechendem Standaufbau mit klaren Botschaften an den Kunden direkt durch Zusatzverkäufe rechnen ließ. Die Effizienz wurde durch gezielte Einladungsaktionen mit »Response-Element« in Verbindung mit einem kleinem Anreiz für den Standbesucher erreicht, vor allem aber durch exzellente Beratung und Vorführungen. Je professioneller die Demonstration unter Betonung der speziellen Leistungsmerkmale ist, umso größer sind die Zuschauertrauben, das Interesse und die Verkäufe.

Was gibt es denn effizienteres als eine Messe, die 60, 80 oder gar 100 % ihres Aufwands durch Verkäufe vor Ort wieder einspielt, nicht gerechnet die Nachverkäufe, die Tage und Wochen später im Handel abgewickelt werden? Was im einen Fall die persönliche Vorführung leistet, schafft im Fall vergleichsweise langweiliger Komponenten der Automatisierungstechnik das dynamische Display, sozusagen eine Miniatur-Fabrik, in der Lego-Autos oder Kugelschreiber, letztere mit individuellem Namensaufdruck vollautomatisch montiert werden. Faszinierend zu sehen, wie begeistert Kunden zuschauen und sich ein Bild von der Kompetenz des Unternehmens und damit natürlich von der Markenkompetenz machen.

Daneben ein Stand mit gut gekleideten Menschen, die ihre Komponenten, hier Motoren, Zylinder und Ventile, leblos an der Wand hängen lassen, ohne Anwendung und ohne Dynamik. Die Standmiete war dieselbe. Der ROI der Messeinvestition dürfte aber ganz bestimmt höchst verschieden sein.

Bleibt noch das Spannendste in diesem Kapitel: Wie schaffe ich es, meine Botschaft für meine Zielkundengruppe so auf den Punkt zu bringen, dass sie in wenigen Sekunden verstanden wird und hohen Erinnerungswert hat? Leider ist hier nicht der Raum, um so detailliert wie eigentlich angemessen auf die beiden Themen »Marke« und »Markenführung« einzugehen.

**FESTSTELLUNGEN BZW. FRAGEN ZUM STRATEGIE-BAUSTEIN »PRÄSENTATION«**

1. Investieren Sie im Vergleich zu Ihren Anforderungen für F & E und gemessen an Ihren Umsatzzielen ausreichende Beträge in Präsentation bzw. Werbung und Marketing-Kommunikation? In welchem prozentualen Verhältnis stehen die Aufwendungen für F & E und Präsentation?

2. Nehmen Sie Bestand auf über alle Maßnahmen Ihres Unternehmens im Zusammenhang mit Präsentation, Werbung und Marketing-Kommunikation mit entsprechenden jährlichen Beträgen.

3. Entspricht der Marketing-Mix dem Kommunikationsverhalten Ihrer Zielgruppe nach Kommunikationsmedien? Kennen Sie den Kommunikations-Mix Ihrer Zielkundengruppe überhaupt?

4. Messen Sie die Wirksamkeit Ihrer Präsentationsmaßnahmen systematisch über längere Zeiträume hinweg und sorgen Sie dafür, dass möglichst viele Präsentationsmaßnahmen messbar gemacht werden.

5. Prüfen Sie Ihre Präsentationsmaßnahmen im Hinblick auf die Konkretisierung der Botschaft für Ihre Zielkundengruppe.

Abb. 23

Doch die Marke hat in der Präsentation allerhöchste Bedeutung für die Kommunikation der Botschaften. Sie ruft ganz von selbst Konnotationen hervor und sie ist durch (begründete) Vorbehalte ihr gegenüber geprägt. Marken wie Porsche, Ferrari und Aston Martin wecken nicht nur bei Autofans Assoziationen. Kraft, Sportlichkeit, schöne Menschen, Reichtum, genussvolles Leben. Ford, Toyota und Opel sind da ganz anders besetzt, einfach nur ganz anders. So tut sich Opel schwer, ein ordentliches Sport-Coupé zu platzieren, so wie es für Porsche wenig Sinn macht, eine biedere Familienkutsche zu vermarkten. Zu stark sind die Vorurteile, die mit den Marken verbunden sind. Der VW Phaeton ist hier das beste Beispiel.

Grundsätzlich also gilt: Bleiben Sie Ihren Marken-Assoziationen treu! Sonst verpufft die Botschaft, bevor Sie überhaupt zur Vorteilsargumentation kommen. Sie müssten sich erst einmal Gehör verschaffen – das kostet viel Geld, setzt langen Atem voraus und verlangt höchste Beharrlichkeit. Ich kenne nur einen Fall, in dem ein angestaubtes Enblem zur Leistungsführer-Marke aufgebaut wurde: Audi. Aber die Repositionierung hat 20 Jahre gedauert und wurde systematisch sehr konsequent betrieben.

Doch: Lindt bzw. Lindt & Sprüngli ist auch soweit aus der »Todeszone Mittelmaß« ausgestiegen, dass die Marke heute mit allen Konsequenzen für die Marketing-Kommunikation im gehobenen Segment positioniert ist. Zielgruppe, Produktleistung und Marken-Wahrnehmung müssen zusammenpassen, sonst wird es nichts! Die tollste Präsentation für das tollste neue Produkt nützt nichts, weil sie nicht wirtschaftlich für das Unternehmen ist, wenn das Angebot nicht zu den Markenassoziationen passt. Eigentlich eine Banalität, gegen die aber immer wieder verstoßen wird! Wenn aber alles passt, kommt es auf die eigentliche Botschaft an, auf den Mehrwert, den Nutzen und den Benefit für den Kunden! Das ist in der Tat eine schwierige Übung, die viel zu selten gelingt. Allzu oft werden nur Behauptungen aufgestellt, und zwar durch Agenturen, die jeder Beweisführung und damit jeder Glaubwürdigkeit entbehren. Jeder muss schon deutlich, am besten beweisbar, auf den Punkt bringen, in Bild, Film und Text, was er kann, was andere also nicht oder nicht so gut können (s. Abb. 23).

## Siebter Strategie-Baustein: Promotion

Vielleicht wundern Sie sich ja, dass ich die Strategie der Bausteine »Präsentation« und »Promotion« voneinander getrennt habe, zumal die allermeisten Werbebotschaften heute doch oft eine Kombination aus beidem sind. In der Tat, meist geprägt oder getrieben durch aggressiv vordringende Preisführer erliegen zahlreiche Unternehmer der Versuchung, sich von ihrer eigentlichen Leistungsbotschaft abbringen zu lassen und auf den Kurs der reinen Preiswerbung, also der Promotion, einzuschwenken.

Präsentation ist die bewusste, konsequente Herausstellung des eigenen Leistungsangebots, gegebenenfalls auch im direkten Leistungsvergleich mit dem Wettbewerber. Der Kunde soll auf möglichst eingängige Art und Weise erfahren, weshalb er dieses oder jenes Produkt erwerben soll und nicht das von Wettbewerbern. Was also macht Ihr Produkt so einzigartig?

Nun weiß ich auch, dass selbst die besten Argumente gelegentlich nicht reichen, um Konsumenten dazu zu bewegen, ein Produkt spontan zu kaufen. Das ist das Feld der Promotion, bei der gezielte und in der Regel zeitlich limitierte Kaufanreize gesetzt werden, um breitere Käuferschichten zum Erwerb eines Produkts oder einer Dienstleistung zu veranlassen.

Intelligente Formen der Promotion sind immer noch Aktionen mit attraktiven Beigaben. Wenn Sie mich gefragt hätten, ob Handwerker schwach werden, wenn sie zu einem Profi-Staubsauger ein Plüschtier, wenn auch ein sehr nettes, erhalten, hätte ich abgewunken. Falsch! Diese Promotion hat 35 % Mehrumsatz gebracht, bei kleinem Aufwand und stabilem Preis.

Bei alledem ist es kein Zufall, dass Promotion in diesem Buch erst ganz am Ende besprochen wird, da dieser Strategie-Baustein nämlich idealerweise gar nicht zum Einsatz kommt! Ich kann mich noch gut an Zeiten erinnern, in denen Leistungsführer ihre Produkte zuteilen und Lieferzeiten verkaufen mussten, als dass sie daran gedacht hätten, eine Promotion zu veranstalten, um gezielte Kaufanreize bei ihrer Klientel zu setzen. Hier waren die Angebote, egal, ob Produkt oder Dienstleistung, denken Sie nur an Luxusfahrzeuge oder Pop-Konzerte, so attraktiv, dass die verfügbare Kapazität nicht reichte, um die Kundennachfrage voll zu befriedigen.

Da man aber anscheinend in unseren Tagen nicht genug bekommen kann, werden die Kapazitäten so weit aufgebläht, dass bei der kleinsten Konjunkturdelle Überkapazitäten vorhanden sind, die gefüllt werden müssen, und zwar mit Hilfe von Promotion! Dabei ist Promotion aus meiner Sicht das gefährlichste Marketing-Instrument, weil es den Charakter einer Droge hat. Ein nennenswerter Nahrungsmittelproduzent in England hat es soweit gebracht, dass 82 % seiner Umsätze nur noch so laufen!

Mal wird ein Spielzeug beigepackt, mal wird das Gebinde vergrößert, im schlimmsten Fall wird eine BOGOF-Kampagne gefahren: »Buy one, get one free!« Angeblich hat Chrysler 2009 für seine SUV (»Sport Utility Vehicles«) in den USA eine BOGOF-Aktion gemacht. Kauf einen Jeep und du kriegst noch einen gratis! Wahnsinn: 50 % Rabatt auf ein Auto! Das stimmt, aber auch in Europa liegen einige Hersteller bei 25 % und mehr!

Was ist das Gefährliche an Promotion? Nicht die Einführung. Hier sind alle happy, die Droge wirkt. Wunderbar, das Geschäft läuft. Fatal ist nur, in dieser Euphorie die Kapazitäten zu erhöhen, weil es ja so gut läuft. Doch irgendwann, manchmal auch erst nach Jahren, sinkt die Kapazitätsauslastung trotz ständiger Promotion. So muss sich ein Drogenabhängiger fühlen, wenn er nicht genug »Stoff« bekommt: Es beginnt zu schmerzen.

Was tun? In den meisten Fällen lautet das Rezept, die Dosis zu erhöhen! Dann müssen wir eben bei den Rabatten etwas nachlegen, auch wenn es anfängt, auf der Rohertrags-Seite weh zu tun. Sinkende Auslastung bei steigenden Promotion-Kosten: Das ist eine unheilvolle Kombination.

Bitte verstehen Sie mich nicht falsch, ich möchte auf keinen Fall so verstanden werden, als ob ich ein Gegner von Promotion wäre. Promotion kann ein sehr sinnvolles Instrument zur Nachfrage-Stimulanz sein, aber es ist höchste Vorsicht geboten, um nicht in Abhängigkeiten zu geraten. Verschaffen Sie sich also zunächst einmal einen Überblick, wie viel Prozent Ihres Umsatzes Sie in den letzten zwölf Monaten mit Promotion erzielt haben. Sie dürften überrascht sein! Als Promotion betrachte ich alle Vorgänge, die nicht nach den Standardkonditionen abgerechnet werden.

Die bange Frage: Was passiert, wenn wir unseren Promotionsanteil um 10, 20 oder 30 %-Punkten zurückfahren? Ja, lieber Leser, das kann ich Ihnen auch nicht sagen. Es kommt darauf an, wie nachhaltig Ihr Produkt beim Endkunden verankert ist und wie Ihr Wettbewerb reagiert. Je überzeugender Ihre Produktleistung ist und je sauberer Sie Ihr Produkt im »Street Price« gegen alle Wettbewerber positioniert haben, umso leichter lassen sich Promotions zurückfahren. Weist Ihr Produkt aber ein negatives Preis-/Leistungsdifferenzial auf, so dass der »Street Price« relativ höher als die gebotene Leistung liegt, kommen Sie um Dauer-Promotion kaum herum, es sei denn, Sie passen den »Street Price« direkt selbst an.

Allerdings gibt es neben der klassischen Preis-Promotion – der einfältigsten Art in diesem Strategie-Baustein – Gott sei Dank auch intelligentere Erscheinungsformen, von denen ich einige jetzt kurz darstellen möchte.

Die oberste Regel in jeder Hinsicht heißt: Setzen Sie Promotion immer so ein, dass Sie nicht Ihre Preispositionierung beschädigt, dass Sie also nicht in ein anderes Preis-/Leistungssegment abrutschen: Am schlimmsten sind die Preis-Promotions! Statt 1,99 Euro jetzt nur noch 1,69 Euro! 30 % Rabatt. Auf diese Art und Weise haben namhafte Markenartikler ihre Marken schon so beschädigt, dass sie am Ende in der »Todeszone Mittelmaß« gelandet sind! Weil sie nämlich bald schon von den 1,69 Euro nicht mehr runtergekommen sind, ohne massive Umsatzeinbrüche zu verkraften. Wenn dann noch die Preise für Energie, Zutaten und Grundstoffe steigen, sind sie gefangen. Ein rotes Ergebnis wird die Folge sein.

Da ist es sehr viel sinnvoller, drei Packungen zum Preis von 5,49 Euro anzubieten, da kaum einer nachrechnen wird, was das für die Einzelpackung bedeutet und wie hoch der Rabatt tatsächlich ist. Solche Mehrmengen, also 300 statt 220 Gramm, Packungen mit Sammelbild, Sammel-Punkt-Aktionen, Pay-Back-Promotions, all das sind Maßnahmen zur Stimulanz der Nachfrage, ohne gleich sein etabliertes Preisniveau anzugreifen und nach unten zu ziehen. Es soll sogar schon vorgekommen sein, dass Preise in Promotions nach oben gesetzt wurden, und keiner hat's gemerkt!

Die Lufthansa bzw. zahlreiche andere Airlines haben mit ihren »Miles-and-More«-Programmen aus meiner Sicht den cleversten Weg für gezielte Promotion gefunden, ohne den Standard-Ticketpreis kaputt zu machen.

Ich verstehe nicht, warum nicht mehr Firmen dieses intelligente System der Promotion aktiver nutzen. Zum einen kann eine Aktion heute sehr kurzfristig gestartet werden, mit einer E-Mail an alle Club-Mitglieder. Zum anderen lässt sich das Angebot je nach der gegebenen Auslastungssituation sehr flexibel gestalten. Mal ist es die Strecke Frankfurt-Chicago, mal München-Shanghai. Oder aber die Höhe der Promotion lässt sich variieren, so wie es sinnvoll ist, um ein paar Sitze zu Grenzkosten zu verkaufen, ohne das Preisniveau zu zerstören. Ein weiterer Vorteil: Das Angebot ist zeitlich oder als Kontingent limitiert. Es kann jederzeit widerrufen werden, sobald die Promotion ihr Ziel erreicht hat: Flieger voll – Ende!

Außerdem lässt sich das Angebot individualisieren. Die Fluggesellschaft kennt die Reiserouten des Kunden und seine Präferenzen. Daraus kann sie ein Angebot stricken, das ohne großen Aufwand – außer der IT, die dahinter liegt – passgenau einem Kunden gemacht werden kann, ohne in die Masse zu gehen. Und noch ein Vorteil von Loyality-Programmen: Der Masseneffekt bleibt aus und damit auch die negative Wirkung auf die generelle Wahrnehmung der Marke bzw. ihres allgemeinen Preisniveaus.

Ein namhaftes Hotel in Bayern nimmt alle Gäste, die dort mehrmals längere Zeit logiert haben, in den »Gold-Club« auf. Mit Sonderangeboten in der »Saure-Gurken-Zeit«, Rabatten in der Shopping-Passage und anderen Dingen wird Auslastungsoptimierung mit Kundenbindung verknüpft.

Ich selbst habe für einen Werkzeughersteller ein Kartensystem mit Bonuspunkten für gekaufte Geräte eingeführt, das sich mit einem Kunden-Club verband, der seinen Mitgliedern unmittelbare Nutzenvorteilen bot. Auch wir konnten die Höhe der Bonuspunkte zeitlich variieren. In der Regel gab es nur die Standardpunktzahl, gelegentlich aber für gewisse, ausgewählte Geräte in einem bestimmten Zeitraum bis zum Doppelten.

Mit der Einführung dieser Karte konnte auch mit einem Unfug gebrochen werden, der im zweistufigen Vertrieb über den Handel an vielen Stellen immer noch festzustellen ist: Die Promotion wendet sich nämlich eigentlich nicht oder nur bedingt an den Endkunden, sondern in erster Linie an den Händler. Solche »Sell-in-Aktionen« rufen beim Händler jedoch lediglich den Aufbau seines Lagers hervor, während sie für die Marke am Ende nichts bewegen, es sei denn, Sie glauben immer noch das Märchen vom nötigen Lagerdruck, um Händler zu Maßnahmen im Abverkauf zu bewegen. Ich denke, diese Zeiten sind vorbei. Auch Händler wissen heute, was »Working Capital« ist und wie sie damit umzugehen haben. Wenn es denn überhaupt sein muss, dann rede ich den »Sell-out-Promotions« das Wort.

Intelligente Wege, Präsentation und Promotion zu verbinden, bestehen darin, Kunden nach der Präsentation eines Produkts einen kleinen Vorteil zu gewähren. Wenn er also von den Testwochen Gebrauch macht und danach entscheidet, das Fahrzeug oder das Gerät zu kaufen, ihm einen Benzingutschein, ein schönes Zubehör oder eine Wartung nach sechs Monaten zu Vorzugskonditionen zu spendieren. So verbindet sich der Anreiz für einen Spontankauf mit der Vermittlung der Produktbotschaft: Probier's aus und Du wirst zufrieden sein. Und damit Dir, lieber Kunde, die Entscheidung leichter fällt, tun wir noch etwas Spezielles für Dich. Das kann auch die Einladung zu einer Werksbesichtigung sein, die, je kultiger das Produkt ist, manch einem mehr bedeutet als X oder Y Prozent Rabatt.

Eine andere Form der Promotion stellen »Sonder-Editionen« dar. Ein Fahrzeughersteller bietet eine besondere Ausstattung für einen Wagentyp an und verkauft ihn unter einem besonderen Namen, mit rechenbaren Vorteilen für den Kunden, ohne aber transparent zu machen, wie hoch der geldwerte Vorteil letztlich wirklich ist. Oder denken Sie an Kombinationsangebote: Flug plus Hotel plus Mietwagen zu einem festen Pauschalpreis. Keiner kann mehr feststellen, wie hoch der Preisnachlass für welche Leistung tatsächlich ist. Das Angebot ist immer wieder neu kombinierbar. Eine schöne Form der Promotion, die jedoch intransparent bleibt.

Da sich diese Beispiele alle auf das Verhältnis B-to-C, also »Business to Customer« (Endkunde) bezogen, ist zu fragen, ob es auch Promotion im »B-to-B«-Bereich gibt und ob sie dort überhaupt sinnvoll ist? Eine der ältesten Formen auf diesem Feld sind sicher die Messerabatte. Kaufen Sie die Maschine auf der Messe, dann räumen wir 5 oder 10 % Nachlass ein. Konsequenz: Der Kunde wartet eben bis zur Messe. Kein Mehrumsatz, nur sinkende Roherträge. Ich rate von solchen Angeboten eher ab.

Anders sieht es bei Messeneuheiten aus, die noch gewisse Risiken bergen, ob etwa die gewünschte Präzision, Taktzeit etc. in der Anwendung auch erreicht wird. Hier kann es sinnvoll sein, Testangebote zu machen, um dem Kunden seine Zurückhaltung zu nehmen. Oder Sie vereinbaren gleich eine Rücknahmegarantie unter bestimmten Rahmenbedingungen.

Die häufigste Promotion bei Investitionsgütern dürften heute jedoch Finanzierungen sein bzw. die Vereinbarung von Serviceleistungen, etwa in Form einer kostenlosen Aufstellung und Inbetriebnahme, von Service, Schulungen etc. Aber auch hier ist der Grat naturgemäß schmal. Ich kenne viele Unternehmen im Bereich der Investitionsgüter-Industrie, die sich wichtige Einnahmequellen dadurch blockiert haben, dass sie viel zu lange wesentliche Serviceleistungen gratis durchgeführt haben. Denn unter diesen Vorzeichen erkundigt sich der Kunde völlig zu Recht, weshalb er nun plötzlich für dieselben Leistungen bezahlen soll. Da wird die Beseitigung einer »Promotion« sehr bald zu einer größeren Hürde im Kundengespräch als die Durchsetzung einer sonst gut begründeten Preiserhöhung. Ihr Abnehmer besteht auf seinem Gewohnheitsrecht und versteht überhaupt nicht, weshalb ihm jetzt etwas weggenommen werden soll.

Dem Problem ist psychologisch zu begegnen, indem die Serviceleistung nicht sang- und klanglos erbracht wird, sofern der Kunde überhaupt versteht, um was es sich handelt. Besser sind Service-Schecks, also Wertgutscheine. So entsteht bei Kunden ein Gefühl, dass Service immer bezifferbar ist. Die Anerkennung der Sonderleistung steigt also. Im Übrigen kann die Schecküberreichung etwas zelebriert werden, um ein Moment der Besonderheit der Situation und Wertschätzung entstehen zu lassen.

Alles in allem wird es ganz ohne Promotion wohl nicht gehen. Aber das süße Gift darf nicht süchtig machen! Sie sollten die eigentliche Rabatthöhe weitestgehend verschleiern und Sie dürfen sich nicht zum Aufbau von Kapazitäten verleiten lassen. Kunden müssen immer wissen, dass sie etwas Besonderes bekommen, wenn Sie eine Leistung verbilligt oder umsonst erhalten, damit die Wertschätzung für den Vorgang bestehen bleibt.

Egal aber, ob Sie eine Preis-Promotion oder eine andere Art der Promotion wählen, setzen Sie sich mit dem Handel Ziele, um beurteilen zu kön-

**FESTSTELLUNGEN BZW. FRAGEN ZUM STRATEGIE-BAUSTEIN »PROMOTION«**

1. Welchen Anteil haben Promotions aller Art an Ihrem Umsatz in den vergangenen zwölf Monaten, gegebenenfalls differenziert nach Produkten oder Produktgruppen?

2. Welche Maßnahmen schlagen Sie vor, um den Anteil von Preis-Promotions deutlich zu senken? Zum Beispiel
   - ▸ Abbau der Promotion bei gleichzeitigem Abbau von Kapazitäten,
   - ▸ Anpassung der »Street«-Preise auf ein wettbewerbsfähiges Preis-/Leistungsverhältnis,
   - ▸ Rückführung in kleinen Schritten über Monate hinweg.

3. Eignen sich Kundenbindungs-Programme zur Steigerung der Loyalität Ihrer Zielkundschaft? Zum Beispiel ▸ Kundenclubs ▸ Sammelhefte.

4. Welche Ideen sind für Ihre Zielkundschaft im Sinne von »verdeckter Preispromotion« gegebenenfalls interessant? Zum Beispiel
   ▸ Zugaben ▸ Andere Packungsgrößen ▸ Individuelle Geschenke ▸ Give-Aways.

5. Setzen Sie für Ihre Promotions aller Art konkrete Ziele und messen Sie die effektiven Erfolge.

Abb. 24

nen, ob Ihre Erwartungshaltungen erfüllt wurden oder nicht. Nur so entstehen Lernschleifen, die Ihnen helfen, das Geld, das Sie in Promotion stecken, immer zielgerichteter einzusetzen. Insofern ist es auch sinnvoll, den Grenzertrag jeder Promotion zu ermitteln, also den Zusatz-Umsatz bzw. den Zusatz-Deckungsbeitrag, den Sie durch einen bestimmten Aufwand generiert haben. Dass das nicht immer leicht ist, weiß ich, aber den Versuch würde ich an Ihrer Stelle auf jeden Fall machen (s. Abb. 24).

## TEIL 2: DIE INTERNEN STRATEGIE-BAUSTEINE

Bislang haben wir sieben Strategie-Bausteine kennengelernt, die alle wesentlichen Aspekte der Ausrichtung von Unternehmen im Markt, gegenüber Wettbewerbern und natürlich in Bezug auf heutige und künftige Kunden beschreiben. Entscheidend für jedes Unternehmen ist, eine in sich stimmige Leistung zu erbringen, die auf einer einmal festgelegten strategischen Positionierung fußt. Es muss einen roten Faden geben, der sich durch alle Elemente im Marketing-Mix zieht, damit die Gesamtwirkung sämtlicher Maßnahmen am Markt maximiert wird. So weit, so gut.

Jetzt kommt der zweite, ebenso wichtige Teil der Übung: Die Vorstellungen des Unternehmers müssen in Form interner Leistungen realisiert werden. Deshalb spreche ich gern von »internen« Strategie-Bausteinen. Dazu zählen die Prozesse, die Mitarbeiter und die Führungskräfte, die nicht nur fähig, sondern auch willig sind, und ein Performance-Management, das die komplette betriebswirtschaftliche Seite des Geschäfts umfasst.

Nur wenn auch diese drei Elemente damit in Einklang stehen, was an der Schnittstelle zum Markt und zum Kunden gewollt ist, kann ein stimmiges Gesamtwerk entstehen, das zu Spitzenleistungen befähigt. Ein einziges unzulängliches Modul genügt, um das Gesamtergebnis hochgradig zu gefährden. Dies sollte gerade hinsichtlich der inneren Strategie-Bausteine plausibel sein: Ohne fähige Mitarbeiter oder ohne Liquidität kann kein Geschäft florieren. Dasselbe gilt, wenn die Prozesse, die zur Leistungserbringung benötigt werden, nachhaltig mangelhaft oder ineffizient sind.

## 8. Strategie-Baustein: Prozesse

Unternehmerische Spitzenleistung hat sehr viel mit der Exzellenz in den Prozessen zu tun. Ein Unternehmen wie Toyota war vor allem deshalb so erfolgreich, weil es ihm jahrzehntelang gegeben war, eindeutige, klare Abläufe zu schaffen, die in hohem Maße standardisiert waren. Wobei sich das Augenmerk des Managements stets darauf gerichtet hat, diese Standards laufend zu verbessern, während sich andere Unternehmen andauernd damit beschäftigt haben, sich ständig wiederholende Fehler auszubügeln, nachzuarbeiten und nur Schadensbegrenzung zu betreiben.

An dieser Einschätzung hat auch die unglückselige Pannenserie nichts geändert, zumal Toyota offenbar, wie wir heute wissen, nur relativ geringen Anteil an den Unfallursachen hatte. Aber wie kommen wir denn nun zu vernünftigen Prozessen, werde ich immer wieder gefragt? Was muss ich tun, um zu exzellenten Prozessen in meinem Unternehmen zu gelangen?

Ich denke, das Wichtigste ist, dass Sie sich intensiv Gedanken darüber machen, wie das Prozessmodell Ihres Unternehmens überhaupt aussehen soll. Im Prozessmodell werden alle Hauptaufgaben, die wettbewerbsentscheidend sind, in einen logischen Gesamtzusammenhang gestellt und zwar ausgehend von der im ersten Strategie-Baustein festgelegten Positionierung des Unternehmens im jeweils relevanten Markt. Je nachdem, was Sie dort festgelegt haben, womit Sie im Wettbewerb um die Kunden siegen wollen, wird Ihr Prozessmodell dann zu gestalten sein.

Ausgangspunkt aller Prozessüberlegungen ist die Vorstellung, dass ein Unternehmen letztlich nichts anderes ist als ein Transformations-Mechanismus der erkannten und erfassten Kunden-Anforderungen bzw. Kunden-Probleme in Lösungen, die Kunden zufrieden stellen, die ihre Probleme aus der Welt geschafft sehen wollen bzw. die erleben, dass ihre speziellen Wünsche erfüllt werden! Insofern sind Unternehmen richtig verstanden eigentlich nichts anderes als »Kunden-Beglückungs-Maschinen«! Ein komisches Wort, auf das ich aber bewusst nicht verzichten will.

Überlegen Sie sich doch mal, ob Ihr Unternehmen eine »Kunden-Beglückungs-Maschine« ist oder vielleicht leider doch eher einem »Kunden-Verärgerungs-Apparat« gleicht? Eine aufschlussreiche Frage, nicht wahr?

Wir alle kennen die »Verärgerungs-Apparate«, wenn der Service im Hotel miserabel ist, wenn unsere liebe Deutsche Bahn Verspätungen akkumuliert-liert, wenn das Personal im Krankenhaus nicht verfügbar ist oder denken Sie an die Rekordhalter in der ADAC-Pannenstatistik. In diesen Fällen geht es meist darum, dass jemand seine Prozesse nicht beherrscht! Da werden Kundenanforderungen schlicht ignoriert oder durch Unfähigkeit einfach nicht erfüllt. Und dann darf man sich wieder an die alte Weisheit erinnern: Konflikte entstehen sehr oft durch unerfüllte Erwartungshaltungen.

Der Kunde erwartet einen einwandfreien, fehlerfreien, pünktlichen, freundlichen Service und bekommt Schlampigkeit, verpasste Anschlüsse, Wartezeiten, Fehler in der Ausführung und zu allem Überdruss womöglich auch noch Barschheit geboten. Welcher Kunde soll diesen Service denn aber nachfragen, wenn seine Erwartungen ständig unerfüllt bleiben? Dasselbe gilt natürlich für Produkte, die schon nach kurzem Gebrauch mängelbehaftet sind, die unordentlich verpackt wurden oder bei denen die Werbung vollmundig mehr versprach als schließlich gehalten wurde.

Das Prozessmodell hat also eine ganz eindeutige Aufgabe: Es soll Klarheit darüber schaffen, was im Unternehmen getan werden muss, um die Bedürfnisse und Probleme der Kunden zu erkennen und besser zu lösen, als dies alle anderen tun, damit bei den Kunden Zufriedenheit entsteht, die dafür sorgt, dass sich der Erfolg kontinuierlich fortsetzen lässt, um überdurchschnittliche wirtschaftliche Ergebnisse hervorzubringen. Das ist der Bauplan für ein Spitzen-Unternehmen mit erstklassigen Zahlen, das sich als »Kunden-Beglückungs-Maschine« versteht! Hier das Prozessmodell für einen Leistungsführer im Gebrauchsgüterbereich (s. Abb. 25).

Der Vorteil des Modells: Sie können die Prozesse so strukturieren, dass sie im magischen Dreieck der Struktur-Organisation Konsistenz erreichen:

## PROZESSLANDKARTE EINES GEBRAUCHSGÜTERHERSTELLERS

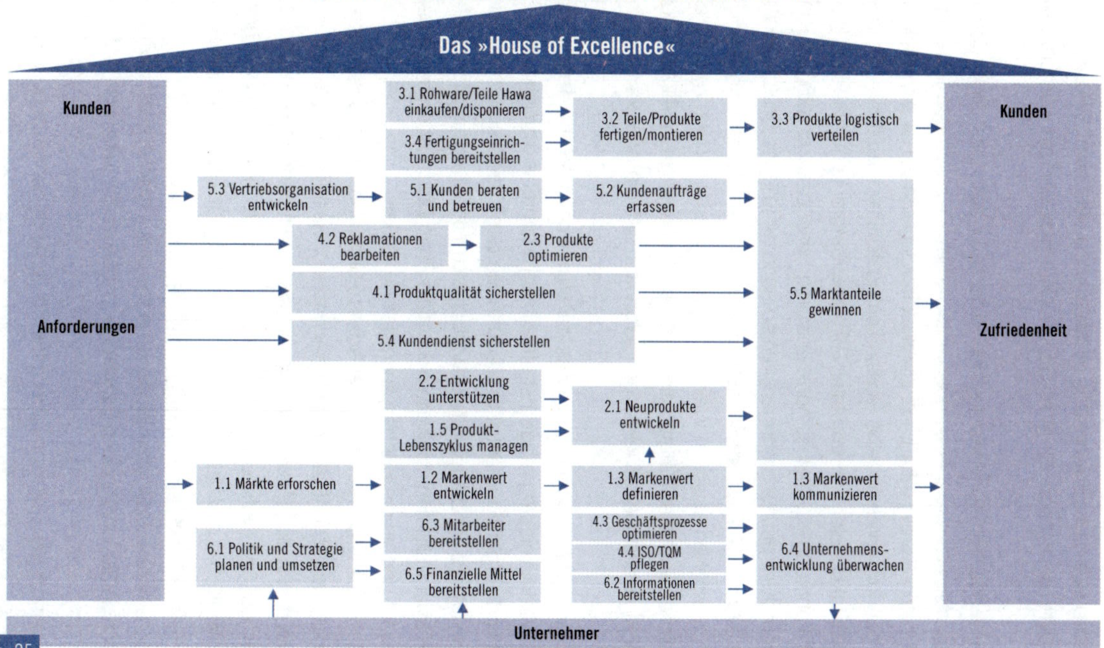


Abb. 25

Die Verantwortung für ein Ergebnis, die Entscheidungskompetenz und die Messbarkeit des Ergebnisses müssen kongruent sein! Sind sie es nicht, ist dies den Führungskräften gegenüber unfair und sie werden verheizt.

Die Ausgestaltung eines solchen Prozessmodells lässt sich, auf sechs Hauptprozesse reduziert, gut anhand eines Beispiels aus dem Spezial-Fahrzeug-Bereich erläutern: Die Max Holder GmbH hat sich als Hersteller von Traktoren für eine Positionierung als Leistungsführer im Bereich multifunktionaler, kommunaler Service-Traktoren entschieden. Konkret mit Fahrzeugen, die ihre hohe Leistung besonders wendig auf kleinem Raum zur Entfaltung bringen, um so auch an Engpässen und in steilem Gelände in Gemeinden Schnee räumen, Gras mähen, mulchen und kehren zu können sowie im Wein- und Obstbau zu wässern, zu spritzen, zu mulchen usw. Das Konstruktionsprinzip beruht auf einem Allradantrieb mit Knicklenkung. Spitzenleistungen verdanken sich diesen Voraussetzungen:

- Markenmanagement: Es muss klar sein, wofür die Marke steht und wie die Markenleistung möglichst effektiv kommuniziert werden kann.
- Produktmanagement: Die Bedürfnisse der Kunden müssen bekannt sein, um die Produktpalette bzw. einzelne Produkte optimal zu gestalten.
- »Order Fulfillment Management«: Die Produkte müssen termingerecht gebaut und an die Kunden ausgeliefert werden.
- Produkt-Management und Prozess-Optimierungs-Management: Die Produktqualität ist laufend zu überwachen. Verbesserungen sind im Produkt und in den Prozessen (Standardisierung) permanent umzusetzen.
- Sales- und Distribution-Management: Für die Produkte ist ein adäquater Vertrieb aufzubauen. Die Kunden müssen qualifiziert beraten werden. Aus diesem Prozess resultieren Aufträge.
- »Corporate Resource Management«: Das Unternehmen muss strategisch geführt und überwacht werden, und zwar mit allem, was dazu gehört.

Eigentlich ganz einfach, aber offenbar schwer genug, weil es nur relativ wenige Unternehmen gibt, die es schaffen, für diese wichtigen Prozesse Standards sauber festzulegen und sie kontinuierlich weiter zu entwickeln.

Ich kann mir das nur so erklären, dass sich diese Prozesse nicht zwingend mit den meist funktionalen Organisations-Strukturen in Einklang bringen lassen, so dass daraus eben kein »Gesamt-Kunstwerk« erwächst.

Die Schwierigkeiten beginnen oft schon mit dem ersten Prozess, weil Unternehmen nämlich gar nicht klar ist, wofür ihre Marke eigentlich steht oder stehen sollte. Jetzt wiederhole ich mich: Genau das gilt es zu vermeiden. Unter dem Stichwort »Positionierung« wird hierzu alles mitgeteilt.

Wichtig ist dabei, dass es sich um eine Kernaufgabe des Unternehmers handelt, die Festlegungen zu treffen. »Marketing-Hansl« können das nicht.

Nach den einmaligen Festlegungen hinsichtlich der Segmentierung und der Positionierung kommt es darauf an, kontinuierlich an der Marke und ihrer Wahrnehmung zu arbeiten. Was aber ist zu tun, um deren Bekanntheit zu steigern und sie immer wieder neu klar zu positionieren? Wie wird die Marke heute wahrgenommen? Welche Assoziationen weckt sie im Zielkundensegment? Wohin soll sie sich entwickeln? Welche Design-Elemente am Produkt sind unverzichtbar, um den Wiedererkennungswert der Marke zu steigern und die Wertigkeit der Leistung ohne viele Worte nachhaltig zu kommunizieren? In diesem Zusammenhang bin ich überzeugt, dass das Produktdesign speziell im Fahrzeugbau heute der zentrale Prozess ist, um zur nötigen Wettbewerbsdifferenzierung zu kommen.

Elementare Fragen also, auf die nur die wenigsten Unternehmen schlüssige Antworten haben. Warum? Weil es vielfach überhaupt keinen Prozess für bewusstes, gezieltes Markenmanagement gibt. Natürlich kostet Markenmanagement Geld und natürlich brauchen Sie dazu ein kleines Team, das sich diesen Themen widmet. Entscheidend ist, was das Team für die Marke bewegen kann, wie sich die Bekanntheit steigert und welche Identifikation die Zielgruppe mit der Marke aufbauen kann. Diese Ergebnisse müssen sorgfältig im Markt gemessen werden, um beurteilen zu können, ob das Markenmanagement professionell durchgeführt wird und ob es sich folglich unter dem Strich lohnt oder nicht.

Die nächste Hürde wartet im zweiten Prozess, im Produktmanagement: Es gibt immer noch viel zu viele Unternehmen, die es weder für nötig halten, nach den Bedürfnissen ihrer Kunden zu fragen noch sich an ihnen auszurichten. Ja, aber wie wollen Sie denn begeisterte Abnehmer erzeugen, wenn ihnen eigentlich egal ist, was Ihre Kunden denken und wollen?

Wenn es im Zeitalter der Globalisierung für einen Leistungsführer einen Prozess gibt, an dem sich entscheidet, ob er langfristig sein Ziel erreicht oder nicht, dann ist es dieser zweite Prozess: Den Kunden genau zuhören, Ihnen »aufs Maul schauen«, Tests und Workshops mit ihnen durchführen, die Kunden wirklich verstehen. Das ist eine Kunst, die viel zu wenige Anbieter beherrschen, auf die es aber außerordentlich ankommt. Fragen Sie doch mal nach, wer in Ihrem Unternehmen die Verantwortung dafür hat, die Kundenbedürfnisse in den diversen Marktsegmenten zu ergründen, diese in Produktideen und Konzepte umzusetzen und diese immer und immer wieder mit den realen Bedürfnissen abzugleichen. F&E haben alle. Das meine ich nicht: Es geht darum, eine Kette vom diffus wahrgenommenen Bedürfnis bis zur Begeisterung des Kunden zu etablieren, der das Produkt gleich noch Freunden und Bekannten empfiehlt.

Das ist etwas ganz anderes als F&E. Forschung und Entwicklung sind Glieder in dieser Kette. Sehr, sehr wichtige Glieder, aber eben nur Glieder. Wenn im Prozess des Produktmanagements gut gearbeitet wird, lässt sich kaum noch verhindern, dass ein Unternehmen profitabel wachsen kann. Sie entwickeln dann nämlich Produkte, die in hohem Maße den Kundenbedürfnissen entsprechen und hoffentlich auch preislich wettbewerbsfähig sind. Wenn die Kommunikation der Alleinstellungsmerkmale dann auch noch präzise auf den Punkt gebracht wird, indem die Nutzenvorteile pointiert werden, tendiert die Flop-Rate Ihrer Neuheiten gegen Null. Man wird Ihnen Ihre Produkte in großen Stückzahlen aus der Hand reißen!

Und, frage ich Sie jetzt, haben Sie den Prozess des Produktmanagements in Ihrem Betrieb gemäß dem klassischen Dreisprung: »Define the value«, »Create the value«, »Communicate the value«, sauber installiert?

Wenn hier noch Lücken bestehen, kann ich Ihnen nur ans Herz legen, sich sehr mit diesem Prozess zu befassen. Er ist der Kernprozess des Leistungsführers. Das Herzstück seiner Überlegenheit, wenn Sie so wollen.

Die wenigsten Diskussionen dürfte es um den dritten Prozess geben. Den haben viele Unternehmen heute im Griff, wenn sie verstanden haben, dass es eine Gesamtverantwortung für das »Order Fulfillment« geben muss, statt Einkauf, Produktion und Logistik unabhängig voneinander zu führen. Hohe Lieferfähigkeit bei geringen Lagerbeständen und hohe Qualitätsparameter sind die messbaren Ergebnisse dieses Prozesses, die so auch in entsprechenden Zielvereinbarungen fixiert werden sollten. Wer als Mittelständler mehr über die Erfolgsfaktoren modernen »Order Fulfillment Managements« erfahren will, dem sei das Unternehmerbuch »Bestände sind böse« von Dr. Thorsten Hartmann empfohlen.

Der vierte Prozess, das Produkt-Optimierungs-Management, ist wieder schwieriger. Ich kenne in traditionellen Unternehmen keine Führungsposition, die explizit dafür verantwortlich wäre, Probleme zu Chancen zu machen. Aber wir kommen unternehmerisch nur weiter, wenn wir Reklamationen und Beschwerden von Kunden als Möglichkeit verstehen, neue Dinge anzusprechen und zu betreiben, um uns permanent zu verbessern.

Bei alledem ist es ein völlig verständliches, menschliches Verhalten, zunächst einmal das, was man entwickelt, produziert und verkauft nach Kräften zu verteidigen. Die spontane Reaktion auf Kundeneinwände ist ja: »Das kann gar nicht sein! Da haben Sie, lieber Kunde, einen Fehler gemacht«! Eigentlich normal, wenn man ständig unter Stress steht und für das »Order Fulfillment« verantwortlich ist. Daher empfehle ich sehr, ein Team einzusetzen, das nur die Aufgabe hat, Produkte und Prozesse stetig zu verbessern, erkannte Fehler zu beseitigen und durch die Festlegung von Standards dafür zu sorgen, Schwachstellen nachhaltig zu beheben.

Diesem Team können Sie außer der Qualitätsfunktion auch die Aufgabe übertragen, die Prozesse permanent auf Verschwendungspotenzial hin zu untersuchen und Ihre Abläufe ständig zu optimieren. Die Führungskräfte aus der Linie haben oft weder das Know-how noch die Zeit, Verbesserungsprozesse voranzutreiben. Also empfiehlt es sich hier, einige Experten einzusetzen, die ihr Budget schnell zurückspielen können, wenn sie denn systematisch, methodisch und engagiert zu Werke gehen.

In etlichen Branchen, etwa in der Automobil-Zulieferindustrie, ist es ja heute schon so, dass Sie als Teilelieferant nur noch Aufträge erhalten, wenn Sie so spitz kalkulieren, dass Sie unter den gegebenen Bedingungen gerade noch ein Null-Ergebnis erreichen. Die Rendite des Auftrags kommt erst zustande, wenn Sie durch Wertoptimierungen und Sondervorschläge sowie durch die Verzahnung mit den Prozessen des Kunden Kosten- und Effizienzpotenziale erschließen, die bei der Abgabe des Angebots nur vage abzuschätzen waren. Ohne Produkt-Optimierungsprozess also keine Rendite. Bitter, aber bei manchen Mittelständlern Realität.

Ein anderes Problem bezieht sich darauf, dass unser Beharrungsvermögen zu groß und das Denken in alten Strukturen, in denen Kunden eher lästig sind und »bei der Arbeit stören«, zu stark ausgeprägt ist. Deshalb sollten Sie nicht auf diesen wichtigen Prozess in Ihrem Unternehmen verzichten. Denken Sie doch wirklich mal darüber nach, einen »Total Quality Manager« zu berufen, der hauptberuflich nur nach Schwachstellen sucht und für deren nachhaltige Beseitigung sorgt! Das ist doch was! Ihre Kunden sowie Ihre Gewinn- und Verlustrechnung werden es Ihnen danken.

Der fünfte Prozess, das Sales- und Distribution-Management, ist wieder Routine, wenngleich es auch hier in vielen Firmen viel zu verbessern gibt. Vor allem dann, wenn Sie Ihr Augenmerk auf die Niederlassungen und Tochtergesellschaftern richten, die weit weg sind vom Mutterhaus. Ob die Vertriebsprozesse dort so strukturiert und so standardisiert ablaufen, wie Sie sich das am Stammsitz wünschen wollen, bleibt Ihrer Phantasie überlassen. Ich habe jedenfalls schon Tochtergesellschaften gesehen, die noch nicht einmal das Logo des Unternehmens ordentlich verwendet haben, geschweige denn, dass sie die Prozess-Standards erfüllt hätten!

Denken Sie doch mal darüber nach, ob die Prozess-Standards für die Kundenbetreuung in Ihrem Unternehmen klar definiert sind und ob sie in Ihrer Organisation weltweit sauber umgesetzt werden. Hier anzufassen, lohnt sich! Das beginnt mit der systematischen Identifikation von Absatzpotenzialen auf der Kunden-Ebene in Ihren Zielsegmenten, wie wir sie im vierten Strategie-Baustein erarbeitet haben, endet mit der Abfassung vernünftiger Besuchsberichte im CRM-System und schließt die Grußkarten und Blumen ein, die netterweise zu Weihnachten oder zum Geburtstag an bestimmte »Shareholder« und »Stakeholder« zu verschicken sind.

Kleinliche Details, werden Sie sagen. Das mag schon sein. Aber wir sind Leistungsführer und wollen in allen Aspekten weltweit besser sein als unsere Wettbewerber. Also muss ich auch in solchen Bereichen Standards setzen, die völlig unauffällig wirken, in Summe aber enorme Wirkung haben. Die Standards haben einen ungeheuren Vorteil: Das Rad muss nicht an tausend Stellen immer wieder neu erfunden werden. Ihre Mannschaft kann sich an allen Standorten und in allen Strukturen auf die perfekte Ausführung konzentrieren. Das schafft Effizienz und Effektivität! Meister dieser Disziplin sind Großfilialisten wie McDonalds, Starbucks und H&M.

Der sechste Prozess, das Ressourcen-Management, können wir kurz halten. Es ist Sache der Geschäftsleitung, gemeinsam dafür zu sorgen, dass alle zehn Strategie-Bausteine für die Leistungsführerschaft im Betrieb implementiert und die nötigen Ressourcen zur Verfügung gestellt werden.

Das schreibt sich leicht auf, ist aber keine triviale Herausforderung, stets dafür zu sorgen, dass beispielsweise auch in einer Rezession ausreichende finanzielle Ressourcen zur Verfügung stehen und alle Entscheider über ausreichende Informationen verfügen, um auf der Basis möglichst konkreter Fakten Entscheidungen treffen zu können. Die Bereitstellung beider Ressourcen ist bisweilen eine Herkules-Aufgabe, auf die ich hier nicht weiter eingehen kann. Außer mit der Frage zu schließen, wie Ihr Finanzplan »B« aussieht, wenn der nächste Konjunktureinbruch kommt, und aufgrund welcher Fakten Sie Ihre wichtigen strategischen und operativen Entscheidungen treffen? Haben Sie die Transparenz, um Bedrohungen rechtzeitig zu erkennen und tragfähige Alternativen abzuwägen?

Mit der Ressource »Mitarbeiter« befassen wir uns im nächsten Strategie-Baustein, weil von den Menschen der Unternehmenserfolg abhängig ist.

Soweit die Erläuterungen zur Strukturierung einer exemplarischen Prozesslandschaft, die alle wesentlichen Elemente einer »Kunden-Beglückungs-Maschine« enthält. An dieser Stelle kann ich es Ihnen leider nicht ersparen, sich mit Ihren Führungskräften hinzusetzen und das passende Prozessmodell für Ihr Unternehmen zu entwickeln. Für viele, die eine Leistungsführerschaft in der Industrie anstreben, dürfte das Modell in den meisten Punkten übertragbar sein. Demgegenüber fällt das Modell für Preisführer erfahrungsgemäß schlanker aus. Prozessmodelle im Dienstleistungsbereich und im Handel haben eigene Gesetzmäßigkeiten.

Eine zusätzliche Schwierigkeit stellt sich für Unternehmen dar, die über mehrere Marken oder Produktlinien verfügen, die sich an dieselben Zielkunden wenden oder die verschiedene Zielkundengruppen mit verschiedene Produktlinien bzw. Angeboten bedienen. Im letzteren Fall ist für mich klar, dass es Ihnen nur gelingt, Ihre Kunden zufrieden zu stellen, wenn Sie nicht auf falsche Synergien setzen, indem Sie denken, das macht unser Stammgeschäft einfach mit, sondern die Prozesslandschaft jeweils individuell definieren und dies auch so im Unternehmen etablieren. Immer dann aber, wenn die Eigensicht »Synergie« die Fremdsicht, »das Beste für unsere Kunden«, ersetzt, geht es früher oder später in die Hose. Kunden spüren das, weil es ihn Ihre Organisation spüren lässt: Unsere interne Effizienz und unsere Synergien sind uns wichtiger als Dein Bedürfnis, lieber Kunde!

Die Konsequenz: Überlegen Sie sich ganz genau, wie viele Marktsegmente Sie bedienen wollen, insbesondere aber, wie viele Sie überhaupt bedienen können, bevor Sie eine Mehrmarkenstrategie »vom Zaun brechen« oder in ganz neue Zielkundensegmente vorstoßen. Es könnte Ihnen sonst passieren, dass Ihnen unterwegs das Geld ausgeht. In einer solchen Situation haben die »Synergierer« dann erfahrungsgemäß ihre große Stunde. Dieser Ansatz würde jedoch nicht wirklich vorteilhaft sein.

Denken Sie bitte darüber nach: Nicht einmal General Motors, bis 2009 immerhin der größte Automobilhersteller der Welt, schafft es, mit seinen verschiedenen Marken absatzstark verschiedene Marktsegmente zu bedienen. Wie wollen Sie das Modell erfolgreich zu ehrgeizigen Zielen führen?

Es liegt in der Natur der Menschen, gern zu glauben, man könne ein neues Geschäftsfeld leicht erobern, wenn man ein anderes Geschäft bereits beherrscht. Man hat doch schon bewiesen, dass es funktioniert. Die Krux ist nur, dass in den meisten Fällen gar nicht ganz klar geworden ist, woran es denn eigentlich lag, dass es beim ersten Mal so gut gegangen ist.

Also fängt der Hersteller für Automatisierungstechnik und für Fabrikautomatisierung in der Automobil- und Elektroindustrie damit an, seine Aktivitäten auf die Prozessindustrie auszuweiten. So schwierig kann das ja nicht sein! Doch weit gefehlt! Die Anforderungen der Kunden in diesem Geschäftsfeld differieren so sehr wie ein VW Golf und eine Diesel-Lokomotive. Beide Fahrzeuge haben zwar einen Motor, ein Getriebe und Räder! Aber das ist es auch schon. Ohne die konsequente Ausprägung eines speziellen Prozessmodells für das neue Geschäftsfeld Prozessindustrie ist der Versuch zum Scheitern verurteilt, sich dort echt zu etablieren.

Die Strukturierung des Prozessmodells vor der definitiven Entscheidung, in ein Geschäftsfeld hineinzugehen, hat den Vorteil, sehr früh erkennen zu können, welche Herausforderungen warten und welche Vorinvestitionen in die künftigen Prozesse zu tätigen sind, um die Erfolgsaussichten zu wahren. Dann weiß man auch, ob die Ressourcen vorhanden sind, um die Voraussetzungen zu schaffen. Vielleicht stellt man aber auch fest, dass man besser im angestammten Geschäft bleibt und teures Lehrgeld spart.

Kommen wir auf unser eigentliches Prozessmodell zurück: Im nächsten Schritt müssen Sie überlegen, anhand welcher Leistungsindikatoren (»Key

Performance Indicators«, KPI) Sie beurteilen wollen, ob der Prozess seine Leistung verbessert. Eine Aufgabe, die jedes klassische Controlling aus den Angeln hebt. Anhand welcher Faktoren wollen Sie denn beurteilen, ob Ihr erster Hauptprozess, das Marken-Management, klappt? Woran und wie wollen Sie messen, wie sehr sich Ihre Markenleistung in den letzten Jahren verbessert hat? Ich denke, es lohnt sich für Sie, diese elementaren Fragen zu klären. Dabei hängen Ihre Antworten natürlich davon ab, in welcher Branche Sie sich befinden. Hier einige Anhaltspunkte:

- Ist Ihre Markenbekanntheit gestiegen (gestützte oder ungestützte Ermittlung)?
- Ist es gelungen, den Preisabstand zum Wettbewerb bei mindestens gleich gebliebenen Marktanteilen zu vergrößern?
- Welche Preise, gemessen am Listenpreis, erzielen Ihre Produkte bei Online-Versteigerungen als Neuware? Ein sehr wichtiger Indikator zur Beurteilung einer Markenleistung.
- Wie viele Aufträge erhalten Sie im Dienstleistungsbereich ohne Ausschreibungen?
- Mit welchem »Multiple« wird das Unternehmen bewertet, wenn sich Investmentbanker mit Ihrem Haus beschäftigen?
- Welchen Respekt bringt man Ihnen in der Branche entgegen? Haben Sie eine Art Leitfunktion, die gerne kopiert wird, oder gelten Sie eher als unprofilierter »Mitläufer«?

Soweit zu unserem ersten Hauptprozess. Aber wie sieht es mit dem Produkt-Management aus? Hier lautet die alles entscheidende Frage: Wie gut kennen wir unsere Kunden und ihre echten Bedürfnisse wirklich?

- Kennen wir für alle wesentlichen Ziel-Märkte bzw. Marktsegmente, die unter dem Punkt »Preis-/Leistungs-Positionierung« genannten »Key Buying Factors«?
- Kennen wir darüber hinaus den Erfüllungsgrad der relevanten »Key Buying Factors« unseres Unternehmens in unserem direkten Wettbewerbsvergleich?

- Wie groß und mächtig ist unsere »Ideen-Pipeline« zur ständigen Verbesserung unserer Produkte im Sinne der Kundenbedürfnisse?
- Welche neuen Zielsegmente und welche dahinter stehenden Potenziale befinden sich aktuell in Vorbereitung?
- Wie zufrieden sind unsere Kunden mit unseren Produkten bzw. unseren Dienstleistungen?

Demgegenüber nimmt sich der dritte Prozess vergleichsweise einfach aus:

- Wie hoch ist unsere Liefertreue? Halten wir die Liefertermine ein?
- Wie sehen unsere Lieferzeiten generell aus?
- Welche Durchlaufzeiten und Wiederbeschaffungszeiten haben wir?
- Welche Lagerbestände haben wir in den einzelnen Lagerstufen?
- Wie entwickeln sich unsere Qualitätsparameter bezogen auf die Kaufteile und auf unsere eigene Produktion?

Folgende Fragen beschäftigen uns insbesondere im vierten Hauptprozess:

- Wie zufrieden sind unser Kunden mit der gelieferten Qualität?
- Wie schneiden unsere Produkte in Vergleichstests, in Verbrauchertests, in Blindverkostungen und in ähnlichen Verfahren ab?
- Wie hoch sind unsere Aufwendungen für Garantie und Kulanz?
- Können wir diese Aufwendungen Vorlieferanten weiterbelasten?
- Wie hoch ist unsere Personaleffizienz gemessen an den Personalkosten hinsichtlich der Wertschöpfung des Unternehmens?

Damit zu unserem fünften Hauptprozess, Kundenbetreuung und Vertrieb:

- Wie gut kennen wir den Markt und seine Bedarfsträger?
- Welche Marktanteile haben wir je nach Produkt, Zielsegment und Region?
- Wie hoch liegt unsere Trefferquote bei Ausschreibungen?
- Wie kompetent ist unsere Vertriebsmannschaft einschließlich der Vertriebspartner im Wettbewerbsvergleich?

Und schließlich der sechste Prozess: Die strategische Führung des Gesamtunternehmens. Hier sind es die aus meinem Buch »Verdammt zur Spitzenleistung« bereits bekannten vier Schlüsselfragen, die erkennbar machen, wie es um das Unternehmen bzw. um die Marke wirklich steht:

- Steigen der prozentuale und der absolute Rohertrag stetig an?
- Steigt der Marktanteil?
- Steigt die Umsatzrendite?
- Steigt der Umsatz pro Artikelposition kontinuierlich an?

Zudem sind weitere Schlüsselfragen hinsichtlich der Finanzierung des Unternehmens zu stellen. Mit diesen rund 30 relativ einfachen Fragen machen Sie sich bald schnell ein Bild davon, wie es um Ihr Unternehmen bestellt ist und ob Sie die wichtigen Prozesse im Griff haben oder nicht!

Ich empfehle jedem Unternehmer, aber auch jedem Beirat und Aufsichtsrat, sich mindestens einmal im Jahr Rechenschaft darüber abzulegen, ob Sie sich in diesen Punkten wirklich weiterentwickelt haben. Die nachstehende Tabelle stellt ohne Anspruch auf Vollständigkeit und Übertragbarkeit ein Kennzahlensystem hinsichtlich der Prozesselemente dar (s. Abb. 26).

Außer den messbaren Prozessergebnissen, die wir gerade besprochen haben, sollte allerdings auch die Prozesseffizienz kontinuierlich ermittelt und verbessert werden. Prozesseffizienz heißt: Welchen Aufwand, gemessen in Geld, müssen wir betreiben, um ein bestimmtes Ergebnis bzw. eine Ergebnisverbesserung im jeweiligen Prozess zu erreichen? In der Praxis kommt es hier natürlich auf die jeweiligen Resultate an. Dabei spielt eine herausragende Rolle, mit welchem Aufwand sie erzielt werden.

Insofern ist es eine Daueraufgabe für jeden Unternehmer, darüber nachzudenken, wie die Kernprozesse ständig effizienter gemacht werden können. Der Einsatz von IT-Tools, neuen Kommunikationsmedien, insbesondere des Internets, bergen hier erhebliche Potenziale. So gibt es in ein- und derselben Branche die Situation, dass ein Anbieter eine Online-

## VOM PROZESS ZUR KENNZAHL – AUSZUG –

| Prozess (Prozesseigner) | Kunde intern/extern | Anforderungen | Erfolgsfaktor | Kennzahl (Beispiele) |
|---|---|---|---|---|
| 1.1 Märkte erforschen | • Marketing<br>• Entwicklung<br>• GF | • Systematische Primär-Datenerhebung | • Auswahl repräsentativer Erhebungspunkte<br>• Modell-Rechnungen | • Anzahl befragter Kunden<br>• Ausstattungsgrad Kunden nach Branchen/Ländern<br>• Wert-Ideen-Portfolio |
| 1.2 Markentwert entwickeln | • Marketing<br>• Vertrieb | • Verständnis, wie Marken »arbeiten«<br>• Eindeutige strategische Entscheidungen | • Kenntnis des genetischen Codes einer Marke<br>• Klare »Do's« und »Dont's« für die Marke | • ROS<br>• DB I (% vom Umsatz) |
| 1.3 Produkt-Lebenszyklus managen | • Vertrieb<br>• Entwicklung | • Objektivität in Bezug auf die Einschätzung der Situation | • Transparenz<br>• Kontinuierliche Überprüfung der Situation | • Anzahl Punkte im Produkt-Portfolio<br>• Verschrottungskosten<br>• DB I<br>• Neuheitenquote am Umsatz/DB<br>• Phasen-Positionierung der Produkte im Produkt-Lebenszyklus |
| 1.4 Neuprodukte entwickeln | • Vertrieb<br>• Handel<br>• Endkunde | • Detaillierte Kenntnis der Kundenanforderungen (»Key Buying Factors«)<br>• »Time to Market« | • Konsequenz in der Umsetzung von Kundenanforderungen<br>• Harte wirtschaftliche Maßstäbe (»Pay-Back«-Rechnungen) | • Umsatz mit Neuprodukten<br>• DB mit Neuprodukten<br>• Garantiequote<br>• Herstellungskosten-Entwicklung<br>• Einhaltung Pflichtenheft-Vorgaben |

Abb. 26

Bestellquote von 32 % erreicht, während sein Konkurrent gerade einmal 1,2 % schafft. Woran der Unterschied wohl liegt? Sicher ist nur, dass die Prozesseffizienz im ersten Fall viel höher ist, da manuelle Auftragseingaben, Rückfragen am Telefon und andere Dinge mehr stark rückläufig sind.

In diesem Sinne ließen sich noch viele Beispiele anführen, in denen radikales Prozess-Reengineering erhebliche Produktivitätsfortschritte erzielt: CAD-Systeme mit Simulationsmöglichkeiten, Tele-Selling mit Internet-Unterstützung, KAIZEN-Werkzeuge in der Produktion, integrierte Auftrags- und Prozessketten über Länder und Kontinente hinweg, Media-Datenbanken für die Print- und Online-Ausgabe von Produktdaten, Tourenplaner im Vertrieb mit CRM-Funktion usw. Dies alles sind Tools, um die Prozesseffizienz bei konsequenter Umsetzung stetig zu steigern, idealerweise verbunden mit sich stetig verbessernden Prozessergebnissen (s. Abb. 27).

Da der Baustein »Prozesse« eng mit Fragen der Struktur-Organisation zusammenhängt, gestatten Sie mir hier noch einige Bemerkungen dazu. Wenn Sie Ihr Unternehmen wirklich nach Prozessen strukturieren wollen, erlangen Sie den Vorteil, dass klare Verantwortlichkeiten im Hinblick auf festgelegte Prozessergebnisse definierbar sind und einzelnen Personen, meistens Führungskräften, im Unternehmen zugeordnet werden können. Damit erfüllen Sie das oberste Gebot in der Organisationsgestaltung, nämlich die Synchronität von Verantwortung, Entscheidungskompetenzen und Messbarkeit der Leistung von Organisationseinheiten zu verwirklichen.

Es ist ja ein Übel in vielen Unternehmen, dass oft genug gar nicht klar ist, welche messbaren Ergebnisse eine Organisationseinheit überhaupt erzielen soll, geschweige denn, welche Entscheidungskompetenzen der Verantwortliche für die Organisationseinheit hat. Dieses Problem begegnet einem in kleinen und in großen Betrieben. Auch nicht viel besser ist, wenn zwar geregelt wurde, für welche Ergebnisse die Organisationseinheit verantwortlich ist, während die Entscheidungskompetenzen aber anderweitig liegen. Dabei geht es um die Verfügung über Ressourcen (Geld, Maschinen, Material) sowie um Personal: Wer stellt ein und wer entlässt?

Abb. 27

Sie kennen das doch auch: Da soll jemand global Umsatz- und Ergebnisverantwortung für eine Marke, einen Geschäftsbereich oder eine Produktlinie übernehmen, doch die Entscheidung, welche Ressourcen in den USA, in Brasilien und China eingesetzt werden, treffen die Häuptlinge der Landesgesellschaften, bis hin zur Personalie, wer den Laden vor Ort führt. Dieser »Weltweite« wollte ich nie sein, denn er ist zum Scheitern verurteilt.

Solche Beispiele gibt es zuhauf, weshalb ich Ihnen ans Herz lege: Synchronisieren Sie Verantwortlichkeit, Entscheidungskompetenz und Messbarkeit! Dann haben Sie immer einen, den Sie loben können, wenn es läuft, aber Sie haben auch einen, den Sie greifen können, wenn es klemmt. Ausreden gibt es dann kaum noch, eigentlich gar keine mehr! (S. Abb. 28).

### Neunter Strategie-Baustein: »People«

Jetzt haben wir alles festgelegt, was es braucht, um Ihr Unternehmen erfolgreich zu machen, ja, sogar, um es zur Spitzenleistung zu treiben. Fehlt nur noch eines, das »Non plus ultra«: Die Mitarbeiter und die Führungskräfte, die das alles umsetzen können, was Sie als unabdingbar erkannt haben! Das ist sehr wahrscheinlich auch die schwierigste aller Aufgaben. Lieber Leser, unter dem Gesichtspunkt, dass es hier um das wichtigste Thema für den Erfolg von Unternehmen geht, hätte ich dieses Kapitel an den Anfang meines Buches stellen sollen. Getreu dem Motto: Wenn Sie nur die richtigen Leute an der Spitze Ihres Unternehmens haben, brauchen Sie keine Bücher mehr zu lesen. Aber ganz so einfach ist es nicht.

Ich habe diese Betrachtung ans Ende gestellt, weil die Ausgestaltung des Strategie-Bausteins wesentlich von den Festlegungen der anderen Strategie-Bausteine abhängig ist. Je nachdem, wie sich das Unternehmen positioniert, welche Produktstrategie und welche Preisstrategie daraus resultiert, bis hin zu dem Punkt, welche Prozesse das Unternehmen tatsächlich beherrschen muss, um erfolgreich zu sein: All dies prägt die Prämissen für die Konfiguration des Teams, speziell des Führungsteams.

Aus den Festlegungen der Strategie-Bausteine ergibt sich eindeutig, welche fachlichen Anforderungen an Ihre Führungskräfte zu stellen sind, welche Fähigkeiten sie brauchen. Noch wichtiger aber als das sind die Persönlichkeit und der Charakter. Darauf kommt es ganz besonders an. Von größter Bedeutung für die Beurteilung der persönlichen und der charakterlichen Eigenschaften ist das Wertesystem, das die Mitarbeiter, zumal Führungskräfte, verkörpern. Diesbezüglich habe ich in »Verdammt zur Spitzenleistung« schon den Zusammenhang von Vertrauen, Wertschätzung und Werten thematisiert. Ich möchte diese Betrachtung nun vertiefen, da diese Bezüge für den Erfolg jedes Unternehmens existenziell sind.

**FRAGEN ZUM STRATEGIE-BAUSTEIN »PROZESSE«**

1. Haben Sie wirklich verstanden, welche Anforderungen Ihre (Ziel-)Kunden an Sie und Ihr Unternehmen stellen, um wirkliche Zufriedenheit mit der erbrachten Leistung zu erzeugen?

2. Wenn die Anforderungen von Kundenseite klar sind – welche Prozesse müssen dann bei Ihnen zwingend funktionieren, damit die gewünschte Leistung mit hoher Wiederholgenauigkeit erbracht wird?

3. Wie lassen sich diese Prozesse soweit standardisieren, idealerweise hinterlegt mit einem entsprechenden IT-gestützten Workflow, dass sie weitestgehend fehlerfrei ablaufen und höchste Transparenz hinsichtlich der Prozessfortschritte bieten?

4. Anhand welcher Leistungsindikatoren (KPIs) können Sie so zeitnah wie möglich messen, ob sich Ihr Prozess im Sollzustand befindet oder nicht?

5. Woran messen und erkennen Sie, ob die Effizienz in den wesentlichen Prozessen über die letzten Jahre gestiegen ist oder nicht?

Abb. 28

Fragen Sie sich doch einmal selbst, weshalb Sie einem Mitarbeiter oder einer Mitarbeiterin Vertrauen und Wertschätzung entgegenbringen, bei anderen Menschen aber Zweifel hegen? Oder warum es manchen Menschen einfach nicht gelingt, vernünftig zusammenzuarbeiten? Die Antworten werden im Verhalten der betreffenden Personen zu finden sein, das Ihnen entweder zusagt oder nicht. Aber das Wort »Verhalten« ist zu abstrakt. Wir brauchen präzisere Begrifflichkeiten. Zu diesem Zweck ist die Formulierung und Prüfung von Werten nach meiner Erfahrung am besten geeignet, um das Verhalten Ihrer Führungskräfte verbal zu kodifizieren.

Anders gesagt: Wenn Sie wollen, dass sich in Ihrem Unternehmen eine Führungsmannschaft etabliert, die möglichst friktionsfrei miteinander, aber auch mit Ihnen zusammenarbeiten kann, dann definieren Sie ein Wertesystem, das die persönlichen Prioritäten enthält, auf die es Ihnen und Ihrer obersten Führungsmannschaft sowohl als auch im Besonderen ankommt.

Holen Sie sich ruhig einen externen Moderator dazu, wenn Ihnen das hilft. Am Ende eines oder mehrerer Workshops sollte das individuelle Wertesystem Ihres Unternehmens stehen, das gewissermaßen wie ein Grundgesetz über allem Tun und Handeln wacht. Und damit definiert, welche Verhaltensweisen in Ihrem Unternehmen gewollt sind und welche nicht.

Was ich meine, ist gut am Beispiel eines Gebrauchsgüterherstellers zu erläutern: Der Führungskreis des Unternehmens hat sich in einem mehrtägigen Workshop unter Beteiligung eines externen Moderators darauf verständigt, elf persönliche Werte zu benennen, an denen beurteilt werden soll, wer in dieses Unternehmen und zu dem Unternehmen »passt«. Paradigmatisch beschreibe ich hier zwei der festgelegten elf Werte näher.

Klare Ziele: Wir brauchen Mitarbeiter, die ihren Blick fest auf das Ziel gerichtet haben sowie Mitarbeiter, die Probleme lösen, statt Teil des Problems zu sein oder zu werden. Die Fitness im Umgang mit Zielen messen wir daran, inwieweit es gelingt, mit klaren Zielvorstellungen miteinander umzugehen und das Optimum der Machbarkeit auszuschöpfen.

Die Ziele werden jährlich neu festgelegt, aber nicht zementiert. Neue Aufgaben werden integriert. Ziele werden bei Bedarf überprüft und angepasst.

Engagement: Wir schätzen Mitarbeiter, die mit Herz und Seele bei der Sache sind. Wir erwarten stetige Eigeninitiative und unterstützen diese gern. Wann immer erforderlich werden Leistungen erbracht, die weit über das übliche Maß hinausgehen. Wir fördern »Spaß und Freude« an der Arbeit. Wir suchen Mitarbeiter, die nicht warten, bis sie Anweisungen erhalten und wir setzen auf Kooperation zwischen engagierten Mitarbeitern.

Ebenso wichtig wie die Definition der persönlichen Werte ist die exemplarische Ausformulierung ihrer Wahrnehmung im Alltag. Für das hier zitierte Unternehmen wurde dies wie in der folgenden Grafik gefasst (s. Abb. 29).

Dabei wurde eine sehr klare, verständliche Sprache gewählt, die leicht in den Kontext des alltäglichen Lebens gestellt werden kann, um den Mitarbeitern immer wieder ein geordnetes Feedback geben zu können, wie sie sich gegenwärtig in das Wertesystem des Unternehmens einfügen. Das Entscheidende aber ist, dass Sie mit dieser Verbalisierung gewollten und ungewollten Verhaltens jederzeit in der Lage sind, weitgehend emotionslos gut vorbereitete Feedback-Gespräche zu führen, die das erlebte Verhalten Ihrer Mitarbeiter mit Ihrem Wunschwertesystem abgleichen.

Anhand der positiven und negativen Ausprägung einzelner Werte können Sie für alle Mitarbeiter ein Profil erstellen, das Gegenstand von Feedback- bzw. Führungsgesprächen sein kann, um die Erwartungshaltungen zu erörtern. In der Praxis hat es etwas ungemein Bereinigendes, wenn solche Gespräche routinemäßig zweimal im Jahr stattfinden. Sie helfen enorm, manifeste und latente Spannungen im Betrieb abzubauen bzw. die erforderlichen Konsequenzen zu ziehen, wenn sich die Werthaltungen mehrerer wichtiger Menschen einfach nicht miteinander abstimmen lassen.

Soviel zum Verhalten. Nun zu dem, wofür Führungskräfte zunächst bezahlt werden: Leistungen sowie das Erreichen von Zielen und Resultaten.

## VOM PROZESS ZUR KENNZAHL – AUSZUG –

| **Klare Ziele**<br>**Positive** Indikatoren | vs. | **Problemdenken, wursteln, Bedenken im Mittelpunkt**<br>**Negative** Indikatoren |
|---|---|---|
| • Steht auf der Basis verlässlicher Ziele (kurz-, mittel- oder langfristig.<br>• Stimmt seine Ziele für gemeinsame Richtung ab.<br>• Verfolgt gemeinsame Vision/Ziele.<br>• Weist klare, messbare, gemeinsame Ziele auf.<br>• Hat eine abgestimmte Vorstellung von der Zukunft (Vision).<br>• Betreibt konsequente Umsetzung.<br>• Besitzt transparente Ziele.<br>• Agiert mit klarem Rollenverständnis (wer macht was).<br>• Trifft realistische Vereinbarungen.<br>• Gemeinsame Ziele sind übergeordnet.<br>• Ziele werden aktiv festgelegt und kommuniziert.<br>• Verfolgt erreichbare Ziele.<br>• Findet den Weg zum Ziel.<br>• Betreibt den Weg zum Ziel trotz Hindernissen oder Schwierigkeiten hartnäckig, ausdauernd, stabil, aktiv. | | • Ist auch längerfristig mit seiner derzeitigen Position zufrieden.<br>• Berufliche Ziele fehlen.<br>• Verhält sich bei der Erledigung seiner Aufgaben eher passiv, tut nur so viel, wie unbedingt sein muss.<br>• Erwartet, dass andere auf ihn zukommen und ihm Vorschläge zur beruflichen Entwicklung machen.<br>• Der eigene Anteil am Erfolg reizt ihn wenig.<br>• Persönliche Erfolge sind ihm egal/unwichtig.<br>• Misst sein Tun an Maßnahmen, anstatt an dessen Effektivität bzw. Resultaten.<br>• Misst sich an der Zahl seiner Überstunden.<br>• Lässt sich treiben. |
| **Engagement**<br>**Positive** Indikatoren | vs. | **Passivität, Trägheit**<br>**Negative** Indikatoren |
| • Empfindet und zeigt Begeisterung fürs Unternehmen.<br>• Bringt von sich aus, unaufgefordert, seinen Beitrag.<br>• Hat »Spaß und Freude an der Arbeit«.<br>• Besitzt Leistungsfähigkeit, Leistungswille.<br>• Ist aktiv und konsequent, seine eigene Leistungsfähigkeit auf Dauer zu halten.<br>• Erbringt beständige Leistungen. | | • Muss permanent zu Leistung angehalten werden.<br>• Braucht »Einladung«.<br>• Lässt sich hängen. |

Abb. 29

Nach meinen Beobachtungen besteht ein Grundfehler, der in vielen Unternehmen immer wieder begangen wird, darin, die Führungskräfte nicht nach ihren Ergebnissen zu beurteilen, sondern Beschönigungen, Ausreden und Entschuldigungen zuzulassen, wenn es darum geht, ob man die richtige Führungsmannschaft an Bord hat. Ja oder nein? Da wird lamentiert, da wird argumentiert, warum das alles gerade jetzt so ungeheuer schwierig ist, die vereinbarten Ziele zu erreichen, weil man sich offenbar nicht eingestehen will, dass man sich seit Jahren mit Führungskräften umgibt, die das Vertrauen des Unternehmers eigentlich nicht verdienen. Diese Erkenntnis ist bitter, aber wenn sie denn einmal reift, ist der erste Schritt zur Besserung getan. Wie sagt Fredmund Malik so treffend: Manager sind dafür verantwortlich, Resultate zu bewirken! Und: Wo sind die von Ihren Führungskräften bewirkten Resultate? Schauen Sie sich die Fragen im Baustein »Prozesse« noch einmal an! Sie klären über Resultate und Scheinergebnisse, über Scheingewinne und »Windfall-Profits« auf!

Dieses Gejammer über die Arbeitsbelastung und die vielen Sitzungen, die lästigen Aufsichtsräte, die Großaktionäre Alles Camouflage, die davon ablenken soll: Da hat jemand seine vorgegebenen Ziele nicht erreicht!

Lieber Leser, natürlich weiß ich auch, dass es Ereignisse und Geschehnisse gibt, die unsere Führungskräfte nun wirklich nicht zu verantworten haben und die das Ergebnis massiv beeinträchtigen können. Dann allerdings stellt sich die Frage, wie früh, wie klug und wie intensiv versucht wurde, dagegenzuhalten und Rettungsmaßnahmen einzuleiten. Wie rasch wurde denn reagiert? Wie kreativ und wie unkonventionell ist man denn gewesen? Alles Fragen, die selbstverständlich zu berücksichtigen sind. Aber, und darauf kommt es mir hier an, natürlich nur im äußersten Notfall!

Unter Normalbedingungen zählt immer nur das erzielte Resultat. Sehr schön zu sehen im Krisenjahr 2009. Da trennte sich die Spreu vom Weizen. Das war ein Stresstest für das Management. Dazu gehört der Satz: »Wer will, findet Wege, wer nicht will, findet Erklärungen«! So ist es wohl! Es liegt an Ihnen, dafür zu sorgen, dass in Ihrem Hause Zahlen herrschen.

Wenn wir an dieser Stelle Einvernehmen haben, dass es fast ausschließlich auf die selbst bewirkten Resultate einer Führungskraft ankommt und dass Sie die Prozesse in Ihrem Unternehmen so, wie im achten Kapitel beschrieben, handhaben, dass Verantwortlichkeit, Entscheidungskompetenz und Messbarkeit kongruent sind, dann sollten Sie ziemlich gut beurteilen können, wer wirklich welche Ergebnisse bewirkt hat und wer nicht.

Fassen wir zusammen: Den Idealfall in der Leitungskonstellation Ihres Unternehmens haben Sie, wenn Sie sich mit Führungskräften und Mitarbeitern umgeben, die in ihrem Verhalten den Werten entsprechen, die Sie als Unternehmer für sich und Ihr Haus festgelegt haben. Dann befriedigt das Zusammenwirken. Sie kommen morgens genauso gerne wie Ihre Mannschaft, weil man sich vertraut und Wertschätzung entgegenbringt.

Wenn Sie also Führungskräfte und Mitarbeiter haben, die das, was Sie sich vornehmen, in Resultate verwandeln, steht Spitzenleistung eigentlich nichts mehr im Wege. Schlechter sind Konstellationen, in denen Sie zwar Führungskräfte und Mitarbeiter haben, die in ihrem Verhalten zwar kaum etwas zu wünschen übrig lassen, bei denen es aber mit der Zielerreichung hapert. Oder umgekehrt: Sie haben eine Crew, die ihre Ziele erreicht, deren Verhalten Sie aber eigentlich missbilligen müssen. Im ersten Fall rede ich von Repräsentanten, im zweiten Fall von Söldnern (Abb. 30).

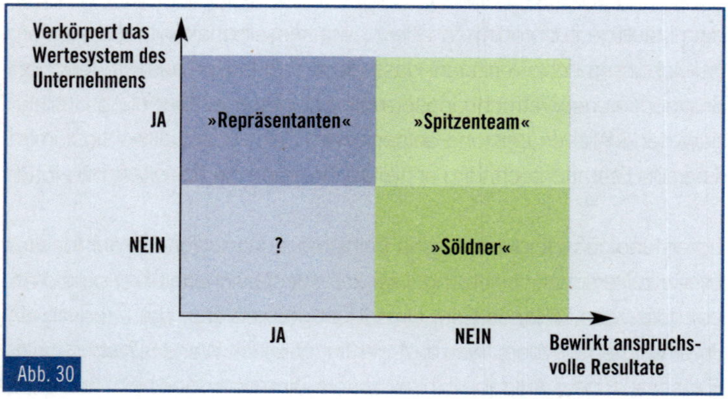

Abb. 30

Sehen Sie sich Ihre »TOP 3«- oder Ihre »TOP 10«-Führungskräfte daraufhin einmal an! Wer sind Ihre Repräsentanten? Wer sind Ihre Söldner? Oder haben Sie solche Menschen gar nicht mehr? Ich wünsche es Ihnen! Für Sie als Unternehmer leiten sich hieraus mehrere wichtige Aktivitäten ab:

- Sie müssen für Ihre Führungskräfte Transparenz hinsichtlich der Erfüllung Ihres Wertesystems und der Erreichung messbarer Ziele schaffen.
- Sie müssen Ihrer Führungsmannschaft Entwicklungspfade aufzeigen, wie jeder Einzelne zunehmend mehr Verantwortung übernehmen kann und so dazu befähigt wird, eigenständig unternehmerisch tätig zu werden.
- Sie müssen ein Gehaltssystem definieren, das wettbewerbsfähig ist und das Verhalten und die erzielten Resultate zukunftsorientiert abbildet.
- Sie müssen sich laufend Rechenschaft ablegen, ob Ihr Wertesystem gelebt wird bzw. wie sehr die gemeinsam festgelegten Ziele erfüllt werden.

Damit schaffen Sie die besten Voraussetzungen, um eine vorbildliche Personalentwicklung zu betreiben, indem Sie erfolgreiche Mitarbeiter mit geringerer Verantwortung in Aufgaben mit höherer Verantwortung stellen um dann zu ermitteln, ob eine Führungskraft Resultate bewirkt oder nicht.

Ich spreche in diesem Zusammenhang oft von Unternehmern im Unternehmen, auch wenn die Terminologie nicht ganz stimmt. Fremdgeschäftsführer sollten Sie überall dort an Ihren Resultaten messen können, wo Sie eigenständige Tochterfirmen oder Landesgesellschaften haben, sofern Sie nicht dem Fehler erliegen, dass diese Ergebnisse aus (steuerlichen) Gründen, wegen Verrechnungspreisen oder interner Rechnungsstellung nicht der effektiven Leistung entsprechen. Dann aber sollten Sie zumindest eine Schattenrechnung erstellen, die Ihnen die Resultate offenbart.

Eigenständige unternehmerische Einheiten sind im Übrigen der Idealfall für aktive Personalentwicklung. Hier kann ein Geschäftsführer schon bei fünf oder zehn Millionen Euro Umsatz zeigen, ob er in der Lage ist, ein Unternehmen mit allem, was dazugehört, zu leiten. Wer das nicht schafft, ist für eine höhere Aufgabe in einer Unternehmensgruppe nicht geeignet.

Leisten Sie sich doch den Luxus und führen Sie kleinere Tochtergesellschaften in Ihrer Gruppe als Trainingsfelder für Ihre künftigen TOP-Führungskräfte. Es macht für mich einen ganz gewaltigen Unterschied, ob jemand in einer Fachfunktion aufgestiegen ist, unter Umständen vielleicht sogar bis in den Vorstand, oder ob jemand längere Zeit ein wenn auch kleines, komplettes Unternehmen verantwortet hat. Was wir brauchen sind echte Unternehmer, die aus allen Funktionen ein Ganzes gestalten.

Die Krux ist: Solche Unternehmer sind rar und teuer. Um diese »Perlen« halten zu können, müssen Sie einen Weg finden, wie Sie Ihre TOP-Mannschaft auf der Basis effektiv erzielter Ergebnisse so entwickeln, dass sie stets marktfähige Gehälter haben, sonst sind die Interessantesten bei aller Loyalität eines Tages weg und Ihr Unternehmen wird sehr geschwächt.

Sie brauchen ein leistungsbezogenes Vergütungssystem, das in der Endstufe 30 %, maximal 40 % der Gesamtvergütung als variable Größe vorsieht. Das variable Gehalt setzt sich aus einem Unternehmensziel, meist einem gewinnorientierten Ziel, einem Bereichsziel gemäß der Prozessdefinition, die Sie im achten Baustein kennengelernt haben, und gegebenenfalls einem individuellen Ziel zusammen, sofern letzteres sinnvoll ist. Diesbezüglich habe ich immer, wenn ich damit zu tun hatte, ein leistungsbezogenes Vergütungssystem einzuführen, nachdem es bis dahin nur Fixgehälter gab, bei Tarifabschlüssen von 3 % lediglich 1 % im Fixum gegeben und dafür aber statt der verbliebenen 2 % das Doppelte, also 4 %, variabel bei 100 % Zielerfüllung angeboten. Dadurch hatten die Mitarbeiter die faire Chance, ihr Gehalt dynamischer als nach dem Tarif zu »pushen«.

Nehmen wir an, ein Mitarbeiter hat seine Ziele erreicht und die Tariferhöhung beliefe sich im zweiten Jahr auf 3,5 %, würden auf die erreichten 4 % noch einmal 5 % (3,5 minus 1 = 2,5 x 2) zugelegt. Damit wären nach nur zwei Jahren schon 9 % der Gesamtvergütung variabel, und das ohne Zinseszinseffekt bei einer Gehaltssteigerung um 12 statt 6,5 % gemäß Tarif. Werden die Resultate hingegen nicht erreicht, beträgt die Gehaltserhöhung lediglich 2 %. Sie liegt also unter dem Tarif. Insofern kommt der

Festlegung der Zielparameter und insbesondere der Zielwerte für 100 % sowie der Untergrenzen und der Obergrenzen erhebliche Bedeutung zu.

Hier sollten Sie sich Zeit nehmen und genau überlegen, an welcher Leistung Sie beurteilen wollen, ob Führungskräfte oder Mitarbeiter gut gearbeitet haben. Es gibt Standard-Zielparameter, die stets anzuwenden sein werden, etwa Auftragseingänge, Deckungsbeiträge, Lieferfähigkeiten, Qualitätspunkte etc., aber es gibt auch Indikatoren, die jährlich wechseln.

Wie ein solches leistungsorientiertes, variables Vergütungsmodell aussehen kann, beschreibe ich Ihnen jetzt. Wenn wir beispielsweise einen Verkaufsleiter nehmen, empfehle ich dringend, nicht nur einen Zielparameter zu vereinbaren, sondern mehrere, idealerweise sogar gegenläufige Ziele. Im Verkauf erweist sich außer dem Umsatz vor allem der realisierte Deckungsbeitrag (in % oder absolut) als probat. Außerdem wollen Sie, dass der Verkaufsleiter Spesen und Fahrten im Blick behält. Das Zielsystem könnte so aussehen, wenn Sie die drei Ziele wie folgt gewichten: Umsatzzielerreichung 40 %, Deckungsbeitragszielerreichung 50 %, Einhaltung von Spesen und Reisebudget 10 %, macht zusammen 100 %.

Für alle drei Ziele müssen Sie natürlich festlegen, was Sie als 100 % betrachten, wo die Untergrenze liegt, ab der es Geld gibt, und wann Sie die Summen deckeln (z. B. bei 150 %). So könnte das Umsatzziel für 2012 bei 3 Mio. Euro liegen (= 100 %). Bis zu 2,5 Mio. Euro gibt es dann nichts (Untergrenze), ab 2,51 Mio. Euro (= 75 %) beginnen Sie mit der Ausschüttung und bei 3,5 Mio. Euro (= 150 %) ist Schluss (Obergrenze). Dasselbe gilt für Deckungsbeitrag und Spesenbudget entsprechend. Wenn Sie nun abrechnen, ergibt sich im Rahmen dieser Zahlen folgendes Bild:

| | | |
|---|---|---|
| Umsatz | 95 % Zielerfüllung x 0,4 (40 % Gewichtung) | = 0,38 |
| DB 1: | 92 % Zielerfüllung x 0,5 | = 0,46 |
| Spesen: | 130 % Zielerfüllung x 0,1 | = 0,13 |

Gesamtzielerreichung: 97 %, gewichtet.

Bei einer ausgelobten Prämie von 10.000 Euro bekäme der erfolgreiche Verkaufsleiter also 9.700 Euro ausbezahlt. In der Praxis ist es ratsam, Zielvereinbarungen und ihre Abrechnung mit einem Tabellenkalkulationsprogramm zu unterstützen, in das Sie Ober- und Untergrenzen sowie Gewichtungsfunktionen eingeben können. Die Definition ist Unternehmerarbeit, wobei die Abwicklung auch nur klappt, wenn das System flächendeckend etabliert wird, einschließlich der gewerblichen Mitarbeiter.

Machen Sie jedoch bitte nicht den Fehler, zu viele Parameter messen und vergüten zu wollen. Konzentrieren Sie sich auf vier bis fünf wirklich wichtige Dinge und stellen Sie für diese erst einmal die Ist-Werte fest. Dann überlegen Sie sich unter Berücksichtigung der absehbaren Umstände des Folgejahres, welche Zielwerte Sie definieren. Zudem lassen Sie Ihre Führungskräfte Vorschläge machen, wie sie die Zielwerte setzen würden.

Bewährt hat sich, einen Ziele-Workshop abzuhalten, nachdem sie die Zielparameter und auch erste Zielwerte im kleinen Kreis besprochen haben, bei dem jeder Prozessverantwortliche an einer Pin-Tafel oder an einem Flip-Chart erläutert, welche Ziele er sich für das Folgejahr vorgenommen hat und – das ist das Wichtigste – welche Unterstützung er gegebenenfalls aus anderen Prozessen benötigt, um seine Vorgaben erreichen zu können. Das können sehr, sehr interessante und effektive Workshops sein, weil deutlich wird, dass kein Prozess, also auch keine Führungskraft Ziele allein erreichen kann, ohne dass andere Prozesse zur Seite stehen. Im Übrigen hält der Workshop das Leistungsniveau aller Organisationseinheiten transparent, damit nicht manche Bereiche mauern und sich zu bequeme Ziele setzen. Es dient der Gruppe ungemein, wenn es gelingt, ein Klima der Offenheit und der Konsensfähigkeit zu schaffen.

Mit dieser Vergütungssystematik stellen Sie auf breiter Front in Ihrem Unternehmen sicher, dass Ihre Mannschaft an den richtigen Stellschrauben dreht und dass niemandem verborgen bleibt, wo die »High Performer« und wo die »Low Performer« sitzen. Bei ersteren sollte ein Karrieresprung angepeilt werden, mit letzteren ist ein ernstes Personalgespräch zu führen. Der Rest macht seine Arbeit und liegt mit dem Gehalt immer etwas über dem Tarif bzw. über dem Markt, falls die Gesamtperformance stimmt, was ich hier unterstelle, denn wir sind ja auf dem Weg zur Spitzenleistung.

So viel zur Ausgestaltung eines auf Jahresfrist ausgerichteten variablen Vergütungssystems (»Short Term Incentive«). Jetzt hoffe ich mit Ihnen, dass Sie und Ihre Führungsmannschaft konsequent an der Umsetzung unserer Strategie-Bausteine arbeiten und damit auf Sicht nachhaltige Spitzenleistungen erzielen, die Ihre Führungsmannschaft für Sie, für Ihre Kunden, Lieferanten und für jedermann auch als Spitzenteam erkennbar macht. In Folge dessen wird es nicht ausbleiben, dass Headhunter auf Sie aufmerksam werden und versuchen, den einen oder anderen Leistungsträger bei Ihnen abzuwerben. Eigentlich eine Auszeichnung für die etablierte Führungs- und Leitungskultur, andererseits ärgerlich, weil mühsam aufgebautes Know-how auf der Kippe steht und dem Unternehmen möglicherweise verloren geht. Hier gilt wie stets: Wirtschaft ist ein Machtspiel. Brauchen Sie den Mitarbeiter dringender als er Sie als Arbeitgeber? Das ist am Ende in der Regel ein Thema des Preises, respektive des Gehalts.

Insofern empfiehlt es sich, neben dem » Short Term Incentive« ein »Long-Term-Incentive-Programm« zu etablieren, das drei Funktionen hat: Gute Leute noch mehr an das Unternehmen zu binden, das Gehaltsniveau auf das Marktniveau oder sogar leicht darüber anzuheben sowie Ihre Führungskräfte anzuleiten, die Ergebnisse nicht nur kurzfristig zu maximieren, sondern Nachhaltigkeit und Langfristigkeit nie außer Acht zu lassen.

Obwohl es kein Patentrezept für solche Programme gibt, halte ich viel davon, die Führungskräfte auch selbst ins Risiko zu holen, indem sie eine Art »Optionsscheine« erwerben können, die dann entsprechend der im Jahresabschluss festgestellten Eigenkapitalverzinsung ebenfalls dynamisch verzinst werden. Die Mitarbeiter werden damit zwar nicht direkt am Kapital beteiligt, das müssen Sie als Unternehmer auch nicht tun, denn entscheidend ist ja die Verzinsung bzw. die Wertsteigerung des Papiers. Ob diese »Optionsscheine« veräußert werden können oder vom

Abb. 31

## FRAGEN ZUM STRATEGIE-BAUSTEIN »PEOPLE«

1. Haben Sie für Ihr Unternehmen einen Wertekodex, nach dem Sie Führungskräfte und Mitarbeiter beurteilen, ob sie zu Ihrem Unternehmen passen oder nicht?
2. In welchem Umfang führen Sie ein- bis zweimal jährlich strukturierte Feedback-Gespräche durch, die sich an den definierten Werten orientieren?
3. Werden daraus auch ganz konkrete Maßnahmen abgeleitet?
4. Gibt es in Ihrem Unternehmen einen strukturierten Ziel-Entfaltungsprozess, der zu konkret messbaren, d. h. eindeutig quantifizierbaren Zielparametern führt und die Ebenen Unternehmensziele, Bereichsziele bzw. individuelle Ziele adressiert?
5. Haben Sie ein variables Vergütungssystem für Ihre Führungskräfte und Mitarbeiter etabliert, das auf den quantitativen Zielen aufsetzt und in der Ausbaustufe bei Führungskräften rund 30 % des Gesamteinkommens bewirkt?
6. Gibt es in Ihrem Unternehmen definierte Entwicklungspfade, die gute Mitarbeiter langfristig an das Unternehmen binden und sie schrittweise zu befähigten Unternehmern bzw. Mitunternehmern entwickeln?
7. Verfügt Ihr Unternehmen über ein langfristiges Incentive-Programm, das die Führungskräfte am langfristigen Erfolg des Unternehmens beteiligt?
8. Haben Sie die HR-Funktion in Ihrem Unternehmen als aktiv gestaltendes Element etabliert oder sind Sie noch auf der Ebene der Personalverwalter?

Abb. 32

Unternehmen im Rahmen fester Regeln nach bestimmten Sperrfristen zurückgenommen werden, sind Details, auf die hier nicht eingegangen werden kann. Aber die Empfehlung, ein solches, wirklich unternehmerisches Modell zu etablieren, möchte ich Ihnen an dieser Stelle gern geben.

Bleibt nun noch die Frage, inwieweit der Personalbereich, also das »HR-Management«, in den Strategiebaustein »People« einzubinden ist. Letztlich sind die wesentlichen Entscheidungen auch hier wie eh und je in der Geschäftsleitung zu treffen, zumal hinsichtlich von Schlüsselpositionen. Gleichwohl sollte der Personalbereich nicht als Administrator oder als Verwalter missverstanden werden, sondern als Treiber und Mitgestalter.

Das ist eine moderne Auffassung, die noch nicht überall geteilt wird, vermutlich auch, weil noch viel zu wenige echte Gestalter im Personalbereich tätig sind und weil die Fachfunktionen sich nicht in ihre Politik hineinreden lassen wollen. Dort aber, wo das »HR-Management« in die Führung eingebunden ist, und wo seine »Einmischung« in die Angelegenheiten von Ressorts, Fachbereichen und Tochtergesellschaften akzeptiert wird, sind erhebliche Leistungssteigerungen feststellbar, da Führungskräfte direkt oder indirekt animiert werden, ihrer Verantwortung gerecht zu werden. Führung ist nun mal in vielen Firmen die Schwachstelle schlechthin. Wenn Sie sich also dafür entscheiden, ein aktiv gestaltendes HR-Management zu etablieren, empfehle ich Ihnen, es mit den Strategiebausteinen eins bis sieben zu koppeln und im Wesentlichen zehn Funktionen anzulegen, die mit Werkzeugen und Methoden auszustatten sind (s. Abb. 31).

Natürlich ließen sich nun wieder über jedes Element des HR-Managements eigene Kapitel schreiben, aber das machen HR-Fachleute besser. Entscheidend ist, alle Elemente zu etablieren und sie zu leben (s. Abb. 32).

### Zehnter Strategie-Baustein: »Performance«

In vielen Unternehmen ist es unter der Hand zur Routine geworden, mehrjährige Business-Pläne vorzulegen, die wunderschöne Entwicklungen im

Umsatz und im Ergebnis prognostizieren, die aber leider oft nur so aussehen als ob, weil nämlich die wichtigen Fragen, mit denen wir uns in den ersten neun strategischen Bausteinen beschäftigt haben, unbeantwortet bleiben. Insofern ist es nur konsequent, die »Performance« als Schlusspunkt zu nehmen, der in konkreten Zahlen, Daten und Fakten zusammenfasst, was in den bisherigen Kapiteln durchdacht und festgelegt wurde.

Nur wenn klar ist, in welcher strategischen Positionierung welche Zielkunden über welche Vertriebskanäle mit welchem Leistungsangebot bearbeitet bzw. gewonnen werden sollen und welche Preis-/Leistungspositionierung für das eigene Angebot daraus resultiert, lässt sich mit halbwegs vernünftiger Wahrscheinlichkeit abschätzen, welche Umsätze bzw. welche Deckungsbeiträge in ein, zwei oder drei Jahren erzielbar sein dürften, sofern es gelingt, das Leistungsangebot wirklich so zu entwickeln, dass es die tatsächlichen Kundenbedürfnisse klar und deutlich adressiert.

Dabei macht es einen großen Unterschied, ob ein Geschäft neu gegründet wird, ob es sich um die Fortschreibung eines stimmigen, bestehenden Geschäfts handelt oder ob ein »Turnaround« vorliegt. Die Neugründung dürfte bei aller Sorgfalt der Ausgestaltung der neun strategischen Bausteine am schwierigsten zu planen sein. Da keine Empirie vorliegt, wie Kunden reagieren, was Wettbewerber tun werden und welche Prozesse mit welcher Effizienz zum Laufen kommen, gibt es nur Prognosemodelle, die gegebenenfalls mit Wahrscheinlichkeiten zu hinterlegen sind.

Demgegenüber fällt es relativ leicht, die weitere Entwicklung eines Geschäfts, das mit klarer strategischer Positionierung »im eingeschwungenen Zustand« läuft, zu planen. Sehr schwierig ist jedoch auch der Fall eines »Turnarounds«: Hier liegt die Einsicht vor, dass ein Geschäftsmodell nicht mehr trägt und eine neue klare strategische Positionierung braucht.

Das aber heißt in vielen Fällen, das Leistungsangebot radikal zu überarbeiten, Sortimente zu streichen und durch neue, klar positionierte Sortimente bzw. Leistungsangebote zu ersetzen. Das bedeutet, dass zunächst

Umsätze, also Deckungsbeiträge wegbrechen, während die Anstrengungen im Innovations- und Marketingbereich deutlich zu steigern sind. Mit oft fatalen Folgen für die »Performance«, die stark leidet und massive Verluste zeigen wird. Doch selbst, wenn der Sortimentsumbau und die höheren Investitionen in die künftige Positionierung noch halbwegs abgeschätzt werden können, ist unbedingt im Vorfeld zu ermitteln, inwieweit die Führungskräfte und die Mitarbeiter zu der Neuausrichtung stehen bzw. ob sie sich damit überhaupt identifizieren oder ob sie gar – im schlimmsten Fall – dagegen arbeiten, da es mit der Neuausrichtung nicht ausbleibt, dass die Prozesslandkarte aufgerollt und damit Verantwortlichkeiten und Entscheidungskompetenzen neu vereinbart werden müssen.

Wenn Ihnen also künftig ein Business-Plan vorgelegt wird, hinterfragen Sie die zentralen Strategie-Bausteine eins bis vier sowie die internen Strategie-Bausteine acht und neun mit Nachdruck. Erst wenn die Dinge inhaltlich und konzeptionell klar sind, sollten Sie auch den Zahlen glauben, die Ihnen so schön präsentiert werden. Wenn Sie aber feststellen müssen, dass einfach nur Zahlen aufgeschrieben wurden, ohne ganz genau zu wissen, mit welchem Leistungsangebot und mit welchen Alleinstellungsmerkmalen gegen welche Wettbewerber welche Marktanteile geholt werden sollen, dann sollten Sie noch eine Platzrunde fliegen und erst alle noch offenen Fragen im Detail klären. Sonst ist die Gefahr sehr groß, dass Erwartungshaltungen aufgebaut werden, die anschließend nicht erfüllt werden können, womit die Konflikte im Grunde vorprogrammiert sind.

Wie ein klassischer Business-Plan auszusehen hat, muss ich hier nicht behandeln. Idealerweise beantwortet er die in den bisherigen Kapiteln gestellten Abschlussfragen, bewertet diese in Euro und bringt die Dinge auf eine Zeitachse. Dabei ist Unternehmern immer klar, dass vor allem hinsichtlich der Zeitachse Unsicherheiten bestehen. Dies sollte aber nie daran hindern, den Versuch zu wagen und die Dinge im Zeitablauf zu planen.

Wesentlich scheint mir zu sein, im Detail neben der Beschreibung der ersten neun Strategie-Bausteine auf wenigen Seiten die Prämissen vorzustellen, unter denen die Performance-Planung erfolgt. Letztlich stellen die in den Strategie-Bausteinen erarbeiteten Maßnahmen nichts anderes als Aktivitäten dar, die Einfluss auf die GuV-Rechnung Ihres Unternehmens haben sollen und haben werden. Dazu zählen Kostenpositionen, meist im Verkauf und Investitionen, ebenso wie Erlöspositionen, sozusagen die Früchte der Arbeit. Beides zusammen ergibt in der GuV-Planung das klare Bild, wodurch und wohin sich das Unternehmen künftig entwickeln soll.

Indessen bin ich immer wieder erstaunt, dass sich Vorstände und Geschäftsführer so schwer damit tun, ihren Planungen eindeutige Prämissen zugrunde zu legen. Es macht doch einen gewaltigen Unterschied, ob ich annehme, dass mein Markt in der nächsten Periode um 1 % oder um 10 % wächst oder schrumpft, wenn mit einer (Branchen-)Rezession zu rechnen ist. Dasselbe gilt für Prämissen hinsichtlich der zu erwartenden Inflationsraten, Zinsen und Währungsprioritäten sowie hinsichtlich des wahrscheinlichen Verhaltens von Wettbewerbern. Es kostet doch nichts, diese einfachen Dinge als Deckblatt der Planung voranzustellen und zu dokumentieren: Auf dieser Basis haben wir geplant, wohl wissend aus profunder Erfahrung, dass Planung Zufall durch Irrtum ersetzt.

Aber den Irrtum können wir dann wenigstens gemeinsam quantifizieren, wenn sich unterjährig herausstellt, dass die Prämissen zu günstig oder zu ungünstig gesetzt wurden. Lassen Sie mich das erläutern: Wenn Vorstand und Aufsichtsrat davon ausgehen, dass der Markt stagniert und Ihr Unternehmen trotzdem um 3 % wachsen will, weil Sie das 10-P-Modell richtig umsetzen, dann ist das ein klares Ziel. Die Bewertung der Leistung muss am Ende der Periode allerdings genau mit diesen Parametern reflektiert werden. Ein Wachstum von 4,5 % bei einem Marktwachstum von 3 % erscheint jetzt auf einmal in ganz anderem Licht, als wenn die Prämisse nicht präzisiert worden wäre. Noch ärger ist es mit den Wechselkursen. Wie, bitte, können Aufsichtsräte von Gewinnwarnungen »überrascht« werden, weil der Euro schwächelt? Bei exportorientierten Unternehmen muss doch in der Planung klar sein, was es im Ergebnis heißt, wenn der Euro gegen andere Währungen um 5, 10 oder 25 % schwankt!

Ich fasse zusammen: Beschreiben Sie so exakt wie möglich die Prämissen, unter denen Ihre »Performance«-Planung zustande gekommen ist. Das ist mindestens genauso wichtig wie die Planung selbst und hilft Ihnen, schnell und einfach Szenarien abzuleiten, die den »Best-Case«- und den »Worst-Case«-Korridor beschreiben. Die Planungsprämissen sind also das eine und die Identifikation der messbaren Ergebnishebel das andere, was unter »Performance« klar zu machen ist. Auch hier verstehe ich nicht, weshalb die wesentlichen Ergebnishebel nicht immer eindeutig definiert sowie mit Maßnahmen und Ergebniswirkungen beschrieben werden. Die Kommentierung einer Planung könnte doch so aussehen, wie ich Ihnen das hier in den nächsten drei Absätzen fiktiv entwickle:

»Beginnen wir mit der TOP-Line, also mit dem Umsatz! Ja, woher soll er denn kommen? Wie sieht es denn mit der Produkt-Performance im Vergleich zu unserem Wettbewerb aus? Richtig, da haben wir drei Produktgruppen, die schon wirklich top sind, da können wir Gas geben, und auch noch über Mengeneffekte an den Herstellkosten drehen. Außerdem können wir die Preise ruhig um 2 bis 3 % anheben! Aber leider haben wir immer noch zwei Produktgruppen, bei denen wir nicht gut aussehen. Wir sind sogar rückläufig zum Wettbewerb und können uns nur mit Preiszugeständnissen halten. Sie werden den Umsatz bremsen und negativ auf den Deckungsbeitrag einwirken. Und dann haben wir da noch die Ersatzteile – eine konstante Größe mit leicht steigenden Umsätzen.«

»Im Hinblick auf die Herstellkosten gehen wir davon aus, dass wir Personalkostensteigerungen durch Produktivitätsfortschritte überkompensieren, das heißt, dass wir das geplante Wachstum von 7 % bei max. 3 % höheren Personalkosten erreichen wollen. Hinsichtlich der Einkaufsteile und des Materials haben wir ein intensives internationales Sourcing-Projekt gestartet, um die Preise mengenbereinigt insgesamt um 2 % zu senken und um die Preissteigerungen in einzelnen Bereichen ganz zu kompensieren.«

»Mit Hilfe einer Preissteigerung für die drei Produktgruppen mit klarem Leistungsvorteil und den anderen beschriebenen Maßnahmen soll der

## IN WELCHEM VERHÄLTNIS STEHEN UMSATZ-RISIKEN ZU UMSATZ-CHANCEN IM JAHR ....?

| Umsatzerwartung 20 (Mio. €): | + Chancen | – Risiken | Bemerkungen |
|---|---|---|---|
| • Allgemeine Marktentwicklung (Marktwachstum/Marktschrumpfung) | | | |
| • Gewinn/Verlust Marktanteile (gegen wen?) | | | |
| • Gewinnung neue Kundengruppen / Verlust Kundengruppen | | | |
| • Einführung Neuprodukte / Auslauf Altprodukte | | | |
| • Einführung neue Service-Leistungen / Auslauf bestehende Service-Leistungen | | | |
| • Preiserhöhungen / Preissenkungen | | | |
| • Erschließung neue Märkte / Verlust angestammte Märkte | | | |
| • Mix-Verbesserungen/Mixverschlechterungen | | | |
| • Sonstige Umsatz beeinflussende Faktoren | | | |
| **Umsatzentwicklung 20...Σ** | + | – | |

Abb. 33

absolute Deckungsbeitrag 1 um X Millionen Euro steigen, relativ werden wir uns um 1,5 %-Punkte verbessern. Ein Teil des steigenden Deckungsbeitrags 1 wird jedoch dadurch wieder aufgezehrt, dass wir in den brasilianischen Markt eintreten und dafür rund eine Million Euro reservieren müssen, ohne dass dem im ersten Jahr signifikante Umsätze gegenüber stehen. Daneben muss die Überarbeitung der leider nicht mehr wettbewerbsfähigen Produktlinien forciert werden, wobei für externe Kapazitäten zwei Millionen Euro für zwei Jahre bereitzustellen sind. Des Weiteren steht ein Release-Wechsel in unserem ERP-System an, der mit einer halben Million Euro zu berücksichtigen ist. Abschließend lässt sich feststellen, dass im Planjahr trotz erheblicher Aufwendungen in zukunftssichernde Maßnahmen wegen des deutlich steigerungsfähigen Deckungsbeitrags 1 eine Ergebnisverbesserung um X Millionen Euro erzielbar sein dürfte, vorausgesetzt unsere Planungsprämissen treten in etwa so auch ein.«

Nicht ein kumulatives Planergebnis ist entscheidend, sondern die detaillierte Zusammensetzung der einzelnen Komponenten des Ergebnisses.

Deshalb empfehle ich immer wieder die Darstellung der Plan-Ergebnisentwicklung in Form einer »Ergebnisbrücke« (»Source of Change«), in der die Einflusshebel auf die geplante Ergebnisentwicklung eindeutig dargestellt sind. Die Übersichten zeigen die Ergebnishebel, die unbedingt zu bedenken sind. Zumindest aber sollte in der Planung kurz diskutiert werden, welchen Einfluss sie voraussichtlich haben (s. Abb. 33 und Abb. 34).

Sind die relevanten Einflussfaktoren auf das Ergebnis klar erkannt und auch über die Zeit bewertet, lässt sich eine tragfähige »Ergebnisbrücke« bauen, die dann in etwa so wie in der Grafik aussehen könnte (s. Abb. 35).

Das Beispiel zeigt eine komplexere »Ergebnisbrücke« mit 16 identifizierten Bausteinen, die nennenswerten Einfluss auf das Ergebnis dieses Unternehmens haben. Für alle Bausteine werden individuelle Programme angelegt, um sicherzustellen, dass die Hebel wirken und ihren Beitrag zur nachhaltigen Ergebnissteigerung entfalten. Viele der Ergebnishebel ent-

## IN WELCHEM VERHÄLTNIS STEHEN ERGEBNIS-RISIKEN ZU ERGEBNIS-CHANCEN IM JAHR ....?

| Umsatzerwartung 20 (Mio. €): | + Chancen | – Risiken | Bemerkungen |
|---|---|---|---|
| • Auslauf von Projekten / Strategische »Muss-/Kann-Projekte« | | | |
| • Kostenabbau / Allgemeine Kostensteigerung | | | |
| • Folgewirkungen von Desinvestitionen / Folgekosten aus Investitionen, insbes. Abschreibungen | | | |
| • Preissteigerungen / Preissenkungen | | | |
| • Rabattsenkungen / Rabatterhöhungen | | | |
| • Verkaufs-Mix-Verbesserungen / Verkaufs-Mix-Verschlechterungen; Steigerung Zubehör-Anteil | | | |
| • Einkaufspreis- und Produktionskostensenkungen / Einkaufspreis- und Produktionskostensteigerungen | | | |
| • Deckungsbeiträge aus Umsatzsteigerungen (besteh. Programm) / DB-Verlust durch Umsatzrückgänge | | | |
| • Deckungsbeiträge aus Einführung Neuprodukte / Deckungsbeitragsverlust aus Produktauslauf | | | |
| • Zinswirkung aus Umlaufkapitalsenkungen / Umlaufkapitalerhöhungen | | | |
| • Produktivitätssteigerungen / Produktivitätssenkungen (Personal, Material, Kapital) | | | |
| • Gemeinkostensenkungen / Gemeinkostensteigerungen | | | |
| **Umsatzentwicklung 20...Σ** | + | – | |

Abb. 34

stammen der 10-P-Analyse, die sowohl die Ergebnisspielräume als auch an etlichen Stellen den Investitionsbedarf bzw. den Ausgabenbedarf zeigt.

In der Planungsphase ist entscheidend, sich einmal jährlich anhand des 10-P-Modells Rechenschaft darüber abzulegen, wo konkreter Bedarf besteht, bestimmte Dinge anzupacken und dafür auch Mittel bereit zu stellen, und wo es Ergebnispotenziale gibt, die nun gehoben werden können, weil zuvor jahrelang in bestimmten Bereichen investiert wurde. So verstanden ist das 10-P-Modell auch keine einmalige Übung, sondern ein kontinuierlicher, sich Jahr für Jahr wiederholender Prozess, um sich in der Geschäftsführung und im Aufsichtsrat über den Zustand des Unternehmens Rechenschaft abzulegen und Schlussfolgerungen zu ziehen.

Bislang haben wir uns nur mit der Ergebniswirkung zu berücksichtigender Maßnahmen aus der »Ergebnisbrücke« beschäftigt. Mindestens genauso wichtig aber ist die Planung der Auswirkungen auf die Finanzierung des Unternehmens. Soll heißen, dass vorab zu klären ist, ob die geplanten Aktivitäten überhaupt darstellbar sind. Das schönste Programm zur Optimierung der Ergebnisentwicklung versagt, wenn es sich nicht finanzieren lässt. Dabei spielt es keine Rolle, woher die Mittel kommen, aber sie müssen sicher da sein, damit die Planung glaubwürdig ist. Dies ist gerade bei Sanierungen von erheblicher Bedeutung, wenn die Eigenkapitalbasis schwach ist und hohe Restrukturierungs-Aufwendungen nötig sind, die sich das Unternehmen nicht aus eigener Kraft leisten kann.

Oder nehmen wir noch die Realisierung einer forcierten Wachstumsstrategie. Wenn sich das Wachstum mit hohen Lagerbeständen, langen Zahlungszielen der Kunden, etwa im Zuge von Lieferungen nach Südeuropa oder in den Arabischen Raum, verbindet, ist der Punkt bald erreicht, an dem der operative »Cash-Flow« die Expansion nicht mehr trägt. Dann wird eine externe Finanzierung gebraucht. Wenn aber unklar ist, woher die Mittel kommen sollen, ist die Strategie zu Ende, bevor sie begonnen hat. Der zehnte Strategie-Baustein »Performance« hat in diesem Sinne zwei Aufgaben zu erfüllen: Er soll Transparenz im Hinblick auf die ergeb-

»PROFITABILITY BRIDGE« FÜR DIE JAHRE 2010 BIS 2015

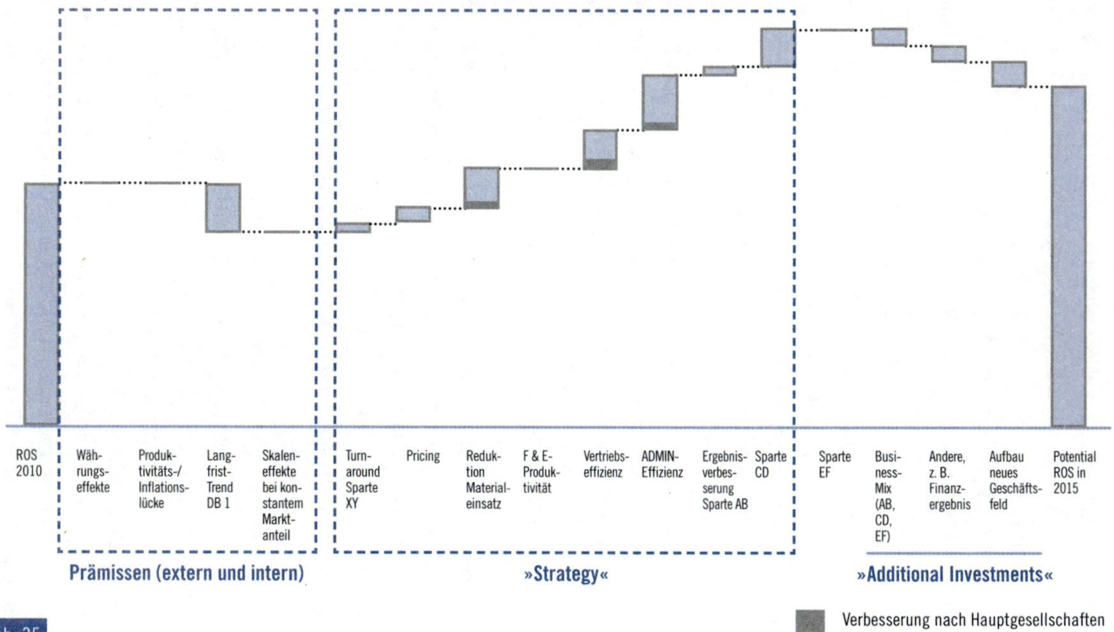


Abb. 35

nisbezogene Wirkung der in den ersten neun Bausteinen erarbeiteten Maßnahmen und Programme schaffen. Diese sind ja kein Selbstzweck, sondern haben ein Ziel: Das Ergebnis Ihres Unternehmens nachhaltig zu steigern und so das Überleben Ihres Unternehmens zu sichern. Darüber hinaus soll der Strategie-Baustein »Performance« helfen zu prüfen, ob das, was man erarbeitet hat, auch wirklich umgesetzt werden kann, ob also die finanziellen Ressourcen reichen, um den »Business-Plan« zu realisieren.

Sollte sich herausstellen, dass die finanziellen Ressourcen zu knapp bemessen sind, ist genug Zeit, um sie aufzufüllen. Es wird ja erst geplant! Sollte sich allerdings erst in der Umsetzungsphase zeigen, dass Geld fehlt, befindet man sich in einer Zwangslage mit möglicherweise sehr unangenehmen Konsequenzen. Daher empfiehlt es sich, bei risikobehafteten Maßnahmen bzw. Projekten im Rahmen einer Neuausrichtung mit dem 10-P-Modell Szenarien zu definieren, die am besten zwei Modelle abbilden: Die normale Planung wie beschrieben, basierend auf den Ergebnishebeln, und eine »Worst-Case«-Planung Man weiß ja nie, was passiert. Dabei lässt sich das Ganze um ein »Best-Case-Szenario« ergänzen.

Entscheidend ist aber der »Worst Case«. Geht uns womöglich das Geld aus? Droht ein Millionengrab? Was bedeutet ein Konjunktur-Einbruch für unser Geschäft, so wie wir ihn infolge der Finanzkrise 2009 erlebt haben? Solche Fragen sollten in einem fundierten Business-Plan unbedingt auch geklärt werden, damit es keine bösen Überraschungen gibt. Wenn es dann auch noch einen »Contingency-Plan« gibt, der regelt, was passiert, wenn bestimmte Schwellen, Grenzwerte oder Zeitfenster überschritten werden, ist man gut gerüstet und kann sich der Realisierung seiner Pläne widmen. Alles aber, was nicht vorbedacht wurde, trifft einen unerwartet und ruft dann oft unkontrollierte Reaktionen hervor, die auch schon mal in Katastrophen enden. Folglich taugt ein Business-Plan ohne klare Beschreibung der elementaren ersten neun Strategie-Bausteine ebenso wenig wie die wunderbare Ausarbeitung dieser Strategie-Bausteine, falls man nämlich nicht genau wüsste, welche konkreten Ergebnisziele faktisch erreichbar und welche finanziellen Bedingungen zu erfüllen sind (s. Abb. 36).

### FRAGEN ZUM STRATEGIE-BAUSTEIN »PERFORMANCE«

1. In welchem Verhältnis stehen die zusätzlichen Aufwendungen für die Umsetzung der Strategie-Bausteine 1-9 zu den erwarteten Ergebnissen, betrachtet für drei bis fünf Jahre (GuV und Bilanzplanung)? Ist die Strategie vor dem Hintergrund der Interessen der Gesellschafter des Unternehmens überhaupt attraktiv?

2. Gibt es Alternativ-Planungen für verschiedene Szenarien, einschließlich eines »Worst-Case-Szenarios« für den Fall, dass eine Wirtschaftskrise zu verkraften ist?

3. Werden Business-Pläne von einer Cash-Flow-Planung ergänzt, die die künftigen Finanz-Ströme in den verschiedenen Szenarien abbildet?

4. Ist geklärt, woher die Mittel kommen sollen, wenn die Kraft zur Selbstfinanzierung nicht ausreicht, um die Strategie konsequent umzusetzen?

5. Gibt es auf dem Zeitstrahl über fünf Jahre »Trigger Events«, die eine Überprüfung der eingeschlagenen Strategie zwingend erforderlich machen?

Abb. 36

## SCHLUSSWORT

Lassen Sie mich zum Abschluss in bekannt provokanter Form formulieren: Alle Geschäfte können auf Spitzenleistung getrimmt werden, nicht aber alle Geschäftsführer und Vorstände. Was soll das heißen? Es ist keine Raketenwissenschaft, wie man sieht, ein Unternehmen stimmig in einen gegebenen Kontext unter Beachtung von zehn ziemlich einfach zu beschreibenden Bausteinen auf seinen Weg zur Spitzenleistung zu bringen. Ich denke, es war nichts dabei, was Sie, lieber Leser, überfordert hat.

Und trotzdem schaffen es nur die Wenigsten! Über die Gründe, warum das so ist, dürfen Sie rätseln. Ich bin gespannt auf Ihr Feedback! Viel wichtiger aber ist die gute Nachricht: Es geht! Sie müssen es nur wollen!

Ich wünsche Ihnen meinerseits viel Erfolg in der Umsetzung! Deutschland braucht Spitzenunternehmen, wenn es seinen Wohlstand sichern will. Und dazu brauchen wir Unternehmer, die verstehen: Ja, wir können!

VERLAGSWERBUNG